# 你活得累吗
## 度过困难时期的心理学

〔日〕加藤谛三 /著
王善涛 /译

**NI HUO DE LEI MA**

北京大学出版社
PEKING UNIVERSITY PRESS

### 图书在版编目(CIP)数据

你活得累吗:度过困难时期的心理学/(日)加藤谛三著;王善涛译.—2版.—北京:北京大学出版社,2018.4
ISBN 978-7-301-29202-0

Ⅰ.①你… Ⅱ.①加… ②王… Ⅲ.①压抑(心理学)—通俗读物 Ⅳ.①B842.6—49

中国版本图书馆 CIP 数据核字(2018)第 026457 号

KOKORO NO YASUMASEKATA
Copyright © 2003 by Taizo KATO
First published in 2003 in Japan by PHP Institute, Inc.
Simplified Chinese translation rights arranged with PHP Institute, Inc.
through Japan Foreign-Rights Centre/Bardon-Chinese Media Agency

| | |
|---|---|
| 书　　　名 | 你活得累吗:度过困难时期的心理学<br>NI HUO DE LEI MA |
| 著作责任者 | 〔日〕加藤谛三　著　王善涛　译 |
| 责 任 编 辑 | 魏冬峰 |
| 标 准 书 号 | ISBN 978-7-301-29202-0 |
| 出 版 发 行 | 北京大学出版社 |
| 地　　　址 | 北京市海淀区成府路 205 号　100871 |
| 网　　　址 | http://www.pup.cn　新浪微博　@北京大学出版社 |
| 电 子 信 箱 | weidf02@sina.com |
| 电　　　话 | 邮购部 62752015　发行部 62750672<br>编辑部 62750673 |
| 印 刷 者 | 三河市博文印刷有限公司 |
| 经 销 者 | 新华书店 |
| | 880 毫米×1230 毫米　A5　8.125 印张　143 千字<br>2011 年 7 月第 1 版<br>2018 年 4 月第 2 版　2018 年 8 月第 2 次印刷 |
| 定　　　价 | 38.00 元 |

未经许可,不得以任何方式复制或抄袭本书之部分或全部内容。
**版权所有,侵权必究**
举报电话:010-62752024　电子信箱:fd@pup.pku.edu.cn
图书如有印装质量问题,请与出版部联系,电话:010-62756370

# 前 言

经常听到有人说"活着真累"。"活着真累",一般不是指身体上的疲劳,也不是指干活过多或者运动过度的意思。如果是身体上的疲劳的话,休息一下就可以恢复,睡一觉,就会重新精神焕发的。

但是,在感觉到活着累的时候,再怎么休息,也无法消除这种疲劳感,而且经常可能遇到的情况就是即便想好好睡一觉,也是睡不着的。

所谓的感觉到活着累,指的是无论身体上,还是精神上都感到疲倦,而且最主要的还是精神上的疲倦。

另外,所谓的感觉到活着真累,不仅仅单指受了某种惊吓而感觉到疲倦的意思,也不仅仅是指连续经历了某些悲伤的事情而让人心理上感到疲倦,还不仅仅是指失去亲人之后的那种疲倦。

很多人在说活着真累的时候,大概是在表达对人生已经感到厌倦的意思。

感觉到活着累的人，在感觉到对人生已经厌倦了的同时，对社会还抱着一肚子的不满；说感觉到活着累的人，从小时候起每天就生活在各种压力下，逐渐对所有的事情都感到厌烦了，并且，在他们的心底还压抑着憎恨的情感。

比如，他们在和别人交谈时会感到不耐烦。就连和身边的人说说话、聊聊天，他们也会感觉是在浪费精力。世界上有人能够享受和他人的谈话，但是感觉到活着累的人却认为与他人的谈话也是一件很辛苦的事情。因此，对他们来说，就连正常的日常对话，也是很辛苦的事情。

这是因为他们在勉强自己和别人说话。本人其实是不感兴趣的，却要装作饶有兴致的样子与人交谈。如果真是自己想要和人对话，那么他们就会感觉到失去自我了。

感到活着累的人，因为在心底压抑着憎恨的情感，所以无法与他人交心。一个人待着并不快乐，但是和大家在一起的话，又觉得是在消耗精力。这是因为他们要在人前伪装自己，自然就对任何事情都会感觉到很厌烦。

因此，如果被周围的人要求做点什么的话，他们就会感觉到很难受。再怎么简单的事情，只要是应别人要求去做的，他们也会觉得很难受。

可是他们自己也没有什么特别想做的事情。虽然这样,如果什么也不做的话,他们也会觉得难受。虽然已经对人生感到厌烦,但是自己却不知道该做些什么。他没有想吃的东西,也没有想看的东西;他们既不想去看电影,也没有兴趣看话剧;没有想见的人,但是自己一个人在家,又会觉得无聊得要命。

那些感觉到活着累的人,在对社会怀有恨意的同时,也在逐渐失去生存的精力。

因为长时间在心底强行压抑各种各样的情感,所以生命力也会逐渐衰弱。生命力衰弱的人,就是对生活、对人生感觉到疲倦的人。

为什么人会感觉到活着累呢?为什么他们的生命力会衰弱呢?

感觉到活着累的人,大概是将憎恨、敌意、厌恶感等各种不良的情感压抑在心底的缘故吧。

感觉到活着累的人,很长时间内都无法直接向别人倾吐自己心中的恨意。另外,他们不可能以犯罪的方式向社会发泄这种憎恨的情感;他们也不可能通过参加反战运动,打着正义的旗号来发泄这种憎恨的情感。但是,对于如同积雪一样冻结起来的负面情绪,本人却往往意识不到。

感觉活着累,就是那种长期在一家自己并不喜欢的公司工作、却从未意识到这种情绪存在的心理状态。或者说,是长年和自己并不喜欢的人生活在一起,却从未意识到这种情感存在的心理状态。

而且本人也是非常认真地在生活。他们在努力生活,努力去获得大家的认可。一直在勉强自己去做事情,但是自己却没有意识到这一点,而是活在朦胧的状态中。

虽然自己坚信人生一定会有所收获的,而且在不断努力,但是等到意识到方向错误的时候,又已经对生活开始感到厌倦了。

这种厌倦感,拿伊索寓言来做说明的话,就如同下面这则故事。

有一只孤独并且有点冒失的熊。有一天,猴子对它说,"听说你很擅长挖洞啊,能不能给我展示一下你挖洞的本事啊"。熊本来是不想挖洞的,但是因为想让猴子认可自己,就装作很高兴的样子,开始挖起洞来。眼看挖掘起来的土堆成了小山一样。疲劳的熊认为这样应该可以了,就停下来看了看猴子,但是,猴子却说,"真是遗憾啊,要只是这样的洞,鼹鼠可能挖得更好"。于是,熊就想怎么能输给那个小小的鼹鼠呢,于是就越发用力地挖,洞也越挖越深。就这样,这只熊每天都在不停地挖洞。"这下猴子应该会表扬我吧",于是熊就问猴子,"这下子应该可以了吧"？但是却没听到猴子的回答。熊就竖起耳朵仔细听，但是却完全听不到地面上的声音了。熊立刻感觉到大事不妙，就马上要往洞口爬，但是，因为洞实在是挖得太深了，熊就没办法从洞里爬出来了。

意识到自己无法从洞里爬出去之后，熊终于明白了"被猴子的话鼓动是一件多么可怕的事情"。熊感到非常后悔，后悔当初想要获得猴子的认可，否则就不会落到现在这种地步了。

意识到这一点之后，疲倦感就上来了，熊就失去了生存的气力，但是，却没有其他动物来解救熊。

感觉到活着累的人，其实是很认真的人，也是曾经努力过的人。在努力的时候，他们并没有想到自己会变成现在这个样子。他们坚信总有一天自己的努力会得到回报的，总有一天会得到大家的认可和夸奖的。

他们从未想过自己的人生之路会像现在这样越走越窄。但是现在却对人生感到疲倦了，什么都不想做了。

本书首先描述了对生活失去信心的人的表现，接下来分析了造成这种现象的原因，最后提出了应对的建议。

# 目 录

前言/1

## 第一章 为什么会感觉到活得累呢？/1

一、爱一个人很难/3

有抑郁倾向的人都是热衷于倾诉自己不幸的人/3

整天板着脸的人实际上抱有强烈的撒娇欲望/5

抱有强烈撒娇欲望的人是脆弱的人/6

为什么要如此在意别人的喜怒哀乐呢？/8

积累在心底的憎恨感/10

二、为父母之"爱"所苦恼的孩子/12

父母与孩子的角色逆转/12

逐渐学会迎合周围的人/14

憎恨感膨胀到一定程度就会产生抑郁感/16

三、抑郁与对人生的思考/17

要学会在适当的时候休息/17

心理病弱的人能好好活着就很了不起/19

"小的时候没有人保护我"/21

"好孩子"的悲哀/22

否定自我本性导致生命力衰弱/23

人际关系与内心疲倦/25

世间最美的还是人性之美/27

要学会健康的生活方式/28

## 第二章　消极思想的源头
　　　　——爱的缺失感/33

一、希望得到别人认可的欲望/35

孩子希望得到父母的认可/35

人人都希望得到别人的认可/37

母亲——孩子心灵的守护者/39

二、将对他人的怒气以弱者的方式表现出来/41

一味伤感自身不幸的人是不会获得友情的/41

换个角度理解有抑郁倾向的人的话语/43

倾诉自身不幸实际上是在表现憎恨/44

"从小时候起就无人疼爱的怨恨心情"/46

同样的经历,不同的感受/47

希望身边的人能够理解自己的苦闷心情/49

心理热线的使用者希望听到的话/51

人生的道路上并无神奇的"魔杖"/53

探究对生活感觉疲倦的原因/55

三、为什么对不幸的事情要念念不忘呢？/56

不能认同自身幸福的理由/56

"总想将自己的不幸迁怒于他人"/58

"不幸"是伪装的憎恨/60

"不幸"是心中希望被爱的呼唤/61

获得幸福之后就不再迁怒于他人/63

能够让人行动起来的最大力量就是"憎恨"/64

## 第三章 要学会适时改变生活方式/69

一、光靠认真也是无法获得幸福的/71

学会放开胸怀做人/71

心中怀有憎恨的人无法向他人敞开心扉/72

相信别人才能获得幸福/73

二、彻底释放心底积存的憎恨/75

过分压抑自己会使人感觉到累/75

爱人容易，爱身边的人难/76

"不幸感中毒"的人/78

学会坦言自己的失败/79

迈向幸福的转折点/80

## 第四章　有抑郁倾向的人的情感表达/85

一、抑郁情感实际上是无法发泄的憎恨/87

无论身处何处都无法获得轻松的心情/87

无法宣泄的憎恨感会使人丧失行动能力/88

无法满足孩子撒娇愿望的父母/90

看得见的伤口和看不见的伤口/92

"如果没有父母的话，可能会活得

更自在一些"/94

二、心理阴暗的理由/96

心理上感觉自己逐渐被周围的人疏远/96

在构建人生大厦的大好时候没能打好地基/98

因憎恨而苦于心智的抑郁症患者/100

有心无力的"精力燃尽症候群"/100

大脑新皮质和扁桃核之间的神经线路受损/103

小时候生活在容易让人焦虑和紧张的环境中/104

三、无法充分表达自己的内心情感/105

缺乏自我才会求助于人/105

"抑郁时候的静坐"只是一种情感表达方式/106

"鼓励"的反作用 /108

"攻击性"的反噬 /110

爱恨两种情感并存 /111

没有目标的内心是空虚的 /112

雪上加霜 /114

四、抑郁倾向是健康心灵的"退潮" /115

对他人缺乏包容心 /115

"打起精神来"反而成了泄气的话语 /117

连求生的气力都没有 /119

好好想一想为什么会感觉到活着累 /121

"为什么倒霉的总是我呢?" /123

## 第五章 给自己放个长假 /129

一、要善待自己的精神和肉体 /131

抑郁症患者的大脑已经老化 /131

连三分钟的收拾工作都做不好 /132

不管怎样先好好休息再说 /133

二、远离轻视自己的人 /135

要摆脱悲惨的人际关系的牢狱 /135

明知道被人利用却还是不得不迎合之 /137

退一步看 会有另一番感悟 /139

要在心中远离轻视自己的人/140

远小人 增自信/142

三、"现在"只是成长道路上的一个驿站/142

为迈向下一个幸福时代做好准备/142

"现在"正是应该去除人生污垢的时候/144

找到可以吸引自己的音乐或书籍/145

"过去"的意义就在于帮助你认识

"人类的愚蠢"/146

认识真实的人生意义/148

## 第六章 要有勇气"更好地生活下去"/153

一、要诚实对待自己/155

生活的疲劳能够帮助人思考/155

"假如明天就要死去,现在要做些什么呢"/157

"如何与这样的人交往"/158

"到现在为止自己都做了些什么呢"/158

过于自我执著容易导致疲劳/160

心灵缺乏感知快乐的能力/161

二、要接受自己的感觉方式/162

"柳暗花明又一村"/162

要接受现实/164

要结交善于聆听的朋友 /166

　　活在当下 /168

　　要学会放弃 /170

三、不要执著于过去 /171

　　执著于过去会阻碍前进的脚步 /171

　　憎恨会阻碍心灵的成长 /172

　　孩童时候的憎恨感无法成为"过去" /174

　　唉声叹气无助于解决现实问题 /176

　　悲观思想的恶性循环 /178

　　做一个"孤独的决断" /179

　　"自己是神的孩子" /181


## 第七章　有抑郁倾向的人的心理 /187

一、抑郁的主要表现——"被动性" /189

　　缺乏自主行为能力 /189

　　"被动"的态度无助于困境的改善 /190

　　易于应对不良情绪的四个特征 /192

　　撒娇的愿望是被动性的愿望 /193

二、对未来持消极态度的悲观主义 /194

　　"自助者,天助也" /194

　　一味诉苦并不能解决问题 /195

　　　　消极的未来观只能使事情更加恶化/196

　　三、"全身无力"实际上是内心贫乏的表现/198

　　　　无法从正在从事的工作中获得乐趣/198

　　　　内心丰富的人是生活的强者/199

　　　　要在心中构建一座"自我之城"/201

　　　　要找到自己的位置/203

### 第八章　积累生命能量的方法/207

一、成年人的幸福就是"在心中无限扩展自己"/209

　　　　一味等待幸福降临的人/209

　　　　长不大的渴望/210

　　　　为他人着想是"成年人的幸福"/211

　　二、有抑郁倾向的人的内心世界/212

　　　　生命力降低使人变得敏感起来/212

　　　　内心世界的危机/213

　　　　有抑郁倾向的人给自己的心也戴上了枷锁/216

　　　　血液中的皮质醇超标/217

　　三、休息也是生命的存在方式之一/219

　　　　"扼杀自己"的生存方式/219

　　　　趁机换个活法儿/221

　　　　时不我待/222

尝试记录心灵的历史/224

切实过好"只为自己"的一天/225

**结尾　要慎用可能带来伤害性的语言**/230

为什么要如此在意对方的话语呢？/230

话语的两面性/231

有抑郁倾向的人常能从话语中感受到

"责备"的意味/233

话语的意义因人而异/234

**后记**/238

# 第一章

## 为什么会感觉到活得累呢?

---

一、爱一个人很难

二、为父母之"爱"所苦恼的孩子

三、抑郁与对人生的思考

# 一、爱一个人很难

**有抑郁倾向的人都是热衷于倾诉自己不幸的人**

任何人都可能去恨他人,但是,并非任何人都能够去爱别人。

情感上不成熟的人,可能会憎恨别人,但却无法去爱别人。只有情感上成熟的人,才有可能去爱别人。

这是因为情感上不成熟的人能够做到的,只是去压抑心中的憎恨欲念。但是,无论怎么压抑,憎恨本身是无法从其内心深处消失的,而是以一种非外现的方式,在其内心深处逐渐堆积起来。

美国的 ABC 新闻,曾在早间时段的新闻里播出了长达一周的关于抑郁症的特别报道。其中有几个地方颇有意思。

其一,就是在报道里出现的抑郁症患者中,有外表看上去特别健康的女性。她们虽然在不停地向别人讲述自己的不满或不幸,但身体却是非常健康的。说话声音有力,并且是用一种带有特别的憎意或者说是带着某种敌意在厉声发泄着什么。那些患了产后抑郁症的女性也是一样的。

总之,这些人并不去将自己的想法付诸具体的行动,而只是一味地倾诉自己的不满或不幸,因而从外表看来,看不出任何肉体上的疲倦来。

什么都不做、只是一味倾诉自己不满或不幸的人,充其量也只是口头善辩之人。而落实到行动上,则无论是家务事,还是公司的工作,这些人其实都是做不好的。但是即便这样,一味倾诉自己不满的时候,这些人却如同在进行选举演讲一样,表现出活力十足的样子。

这样的人,就所有的事情而言,都只是一种消极的被动接受者的形象,而只有在倾诉自己不满或不幸的事情上才会表现得特别积极。这就是所谓的"憎恨的能量"使然。

这样的人,大概是习惯了认为"自己的人生是悲惨的",自己是"处在被命运之神遗忘的角落"。这与他们想方设法逃避责任的理由是一样的。

我们可以把这样的病人称为"自我扩张型抑郁症患者"。

那么,这种"憎恨的欲望"到底源于何处呢?

## 整天板着脸的人实际上抱有强烈的撒娇欲望

在很多情况下,习惯于整天板着脸的人以及脸上充满恨意的人,都是自身的撒娇欲望得不到满足的人。

摆着一脸苦相的人,其实在其内心深处有一个声音在呼唤——"请满足我的撒娇欲望吧!"

他们经常会感到不满,并非因为自己想要的东西得不到,而是因为没人理解自己这种想要撒娇的心情。

一般来说,身体健康有问题的人,习惯于表现出健康的表情,而身体健全的人则习惯于表现出不满的神情。这个时候,人们往往会对后者说"应该感到知足了吧"。

其实对于被说的人而言,他们心里也是明白这个道理的。但是,对于心里有不满的人来说,他们是无论如何都无法表现出轻松、快乐的神情来的。

苦脸之"苦",也是各有千秋的。如果说"苦于经济条件",大家都能理解。此外,如果是在朝着目标努力奋斗的场合所说的"苦",我想大家也都是能够明白的。

但是,如果说"因无法满足内心的某些需要而感到的苦"的话,那恐怕就不是所有人都能理解的了。

那些体味过内心之苦的人,在很多情况下,都是不明白自己所受之苦的原因的。不仅如此,对他们来说,更不幸的还在于,就连自己身边的人也不能理解自己的内心之苦。

但是,实际上对于那些感觉到活着累的人来说,这就是最大的难题。

**抱有强烈撒娇欲望的人是脆弱的人**

有些人,如果在想要撒娇的时候却无法做到,就会感到受了伤害。或是撒娇的话语被人拒绝,或是撒娇的态度受到忽视,这时他们往往会感到受了伤害。

不管年龄大小,凡是抱有撒娇欲望的人都是很容易在感情上受伤的。撒娇的欲望,其实并非特指孩子对父母所表现出来的态度。有时,父母其实也想对孩子撒娇的。

那些抱有撒娇欲望的父母也是容易在感情上受伤的。比如,对于孩子的某些言行,有时父母会有勃然大怒的冲动。对于孩子稍微一点不顺意的话语,父母有时就会心情大变,想对孩子发火。

为孩子所做的事情,在希望孩子能够感恩时,如果孩子只是说"No, thank you"的话,母亲就会表现出不愉快来。

那些想通过人际关系来满足撒娇欲望的人,并不是单纯出于为对方考虑而去行动的。而是因为想从对方那里听到感谢的话语。那些经常会感觉到空虚、无力的人也是一样。为别人所做的事情，实际上是为了获得对方的感谢。

撒娇的欲望无法被满足的父母，想为孩子做点什么。可是当孩子对此并不领情的时候，当父母的就会感觉到失落，有时甚至会对孩子大发雷霆。

对于那些想要撒娇的人来说，最生气的事，莫过于想要撒娇的自己却成了别人撒娇的对象。

撒娇的欲望没有得到满足的父母，要是为孩子去做什么事的话，那也是为了满足自己的撒娇欲望才去做的。

例如，有时候为了得到孩子一句赞赏的话——"哇，妈妈你做的饭太好吃了"，就特意下厨做点好吃的。但是对此，孩子未必会领情。果真如此，父母就会心生不满，最后总是会责怪到孩子身上。

原来以为会被感谢的事情，最后以期望落空结束。这虽然不是明确地被人拒绝，但是对于那些原本以为会被感谢的人来说，这跟当面遭到拒绝并没什么两样。因此，他们就会感觉受到伤害。

**为什么要如此在意别人的喜怒哀乐呢？**

父母向孩子撒娇，其实是大人与孩子的角色在发生错位。而这时，当孩子不能让父母的撒娇欲望得到满足时，就会遭到父母的责骂。

这样，孩子自己的撒娇欲望就被完全否定了。"大人与孩子的角色错位"一语来自有名的儿童研究学者波尔比①。

在角色错位背景下长大的人，会由于对他人的好意心存敬畏而无法拒绝。即便长大以后，在记忆里也会留存有这份情感。

例如，有的孩子在长大后，再怎么对自己说"饭没全部吃完也不会有人责怪的"，但还是觉得如果不将饭吃完的话，会遭遇"很可怕"的事情。

但是在他的意识里明确知道眼前的人不是自己的母亲，即便是吃不完也不会有人责怪的，但是以前那份不好的记忆还存在。那是一种情感的记忆。记忆的，不是理

---

① 波尔比（1907—1990），英国心理学家，杰出的儿童精神病学家。他将心理分析、认知心理学和进化生物学等学科统合在一起，纠正了弗洛伊德精神分析理论对童年经历的过分强调和对真正创伤的忽视。1989 年获美国心理学会颁发的杰出科学贡献奖。

性,而是情感。在幼儿期和少年期形成的神经元(神经系统中传递信息的细胞单元)网络,并不是那么容易就能被替换掉的。

在那种背景下长大的人,长大后就会担心自己的言行可能会对他人造成伤害,就会陷入名著《忧郁症》的作者德国精神病理学者特伦巴赫所说的"加害恐惧症"。

==如果对方表现出不高兴,对于有"加害恐惧症"的人来说,那就是在责怪自己。因此,那样的人,即便是在成年以后,对于他人的喜怒哀乐,仍然会特别在意。==

比如说,这样的人即便是在成年以后,也不会婉拒他人的好意。

比如,有一天朋友请你来家里吃饭,做了很多好吃的。你吃得也是津津有味的。但是,已经吃得够多了。即便这样,你也无法拒绝朋友继续给你加饭加菜,你也说不出"我已经吃饱了,不吃了"之类的话。

那么,为什么无法拒绝呢?那是因为在小的时候,类似的经历给你留下了地狱般痛苦的记忆。

换句话说,在你说"已经吃不了"的时候,母亲会表现得非常不高兴。而这种经历是很难忘记的。

有时,母亲会问孩子"吃不吃蛋糕"啊。孩子实际上并不想吃。但是当孩子说不想吃的时候,母亲会非常不高兴。于是，孩子就有了这样的记忆。并且，在对方不高兴之后还没完，孩子还会无休止地遭到责骂，那可是地狱般痛苦的记忆。

因此，从小时候开始，每当被问到"想不想吃蛋糕"的时候，想都不用想，这个孩子一定要表现出非常想吃的样子。

**积累在心底的憎恨感**

在这样经常被责怪的环境下成长起来的孩子，在心底逐渐堆积起憎恨的感情，这也是理所当然的事情。

因此，这样的人无法去爱别人。与人交流也是拙于应对。因为害怕对方会变得不高兴，所以只能小心应对，而无法做到畅所欲言。

要是孩子被人问到"想不想吃蛋糕"的时候，如果回答的不是"哇，我很想吃"的话，妈妈就会大怒；而说"哇，我很想吃"的时候，妈妈就会开心。这本质上就是妈妈在对孩子撒娇。并且，当撒娇无法做到时，做父母的就会生气。当父母的撒娇欲望受到伤害时，他们就会生气。

这样的事情经历多了，以后无论说什么话，这个孩子都会小心谨慎，怕给对方造成伤害。但是这样一来，和别人的交流也无法顺利完成。这样的人，即便是长大以后，也总是会觉得人是一种恐怖的存在。

而真正的与人交流，则是在自己不想吃蛋糕的时候，能够明确地向对方说"不"。

在社会上，也有从呱呱坠地开始就一直在责备声中长大的人。这样的人，即便对方没有责怪的意思，也会感到在被人责备，长大后也是如此。如果仿照"被害妄想"这个词来造一个新词的话，那可以说是"被责妄想"。

孩子出生时的哭声听起来像"太恐怖了，太恐怖了"的声音一样，而世上也有从出生开始就心存恐惧感的人。

这样的人，在经过了三十年、四十年、五十年后，会感觉到活着很累，这也是很正常的事情。

就如同家中存放着大量的汽油，如果有人在家门口玩火的话，无论是谁都会感觉害怕的。

有"被责妄想症"的人，在心里其实也有如同汽油一样的东西，时常会担心有人说了什么话会"点起那把火来"。

小的时候被身边的人当作撒娇对象的人，其心底会产生憎恨感。

虽然自己有孩子般幼稚的愿望，但不得不去承担满足别人孩子般幼稚愿望的重任。这样的人是很不幸的，其内心深处的痛苦其实就如同地狱一般。

## 二、为父母之"爱"所苦恼的孩子

### 父母与孩子的角色逆转

"过剩的虚拟之爱"这一词语出自《值得怀疑的母爱》(凡·登·贝鲁克著,川岛书店,1977年)。所谓"过剩的虚拟之爱",其实指的就是在大人与孩子角色错位中父母的爱。

父母为孩子做了很多的事情,但是,做的这些事情都是因为对孩子的反应有所期待,因此,孩子不得不做出父母所期待的反应。这对孩子心理所产生的伤害,却是超乎想象的。那些在放任的环境下长大的孩子还算幸运。因为他们没有来自父母的爱。但是得到爱的孩子,随着时间的发展,反而会从得到爱的一方"沦为"被父母"榨取"爱的一方。这种不幸的程度,有时会超越人类的想象力。憎恨的感情也会在他们的心底一直沉淀起来。

而更大的不幸,则在于那些为"父母孩子角色错位"而苦恼万分的孩子心理的伤痛,在很多情况下,却不为身边的任何一个人所理解。

之所以这么说,是因为在发生"父母孩子角色错位"的时候,从外人来看,父母和孩子之间的关系看上去是非常融洽的,并且,外人很有可能会赞叹道,"那个孩子真幸福,有那么好的父母"。

而实际上,在"父母孩子角色错位"的环境下从孩子身上"榨取"爱的父母,多是在社会上有头有脸的人物。

比如,从地域社会的模范家庭中,经常会走出加入到政治过激集团的兄弟两人,甚至还有兄弟三人都加入的例子。

他们大概是想通过向社会不断开枪的方式来发泄内心的憎恨,通过发泄来治愈内心的伤痛。

每当想要治愈内心伤痛的时候,他们就会驾车在马路上横冲直撞了,内心无伤的人又怎么会做出这样的事情呢?

但是,对于那些连驾车在马路上横冲直撞之类的行为都做不出来的抑制型的人来说,他们甚至连发泄内心憎恨的机会都没有。

这样的人的生命力,就慢慢消耗在自己内心的纠结上了。

而那些感觉到活着累的人,其实就是这种类型的人。

在"父母孩子角色错位"的背景下,在被父母逐渐榨取爱的时候,在孩子的心底就会积累下如敌意、憎恨、恐怖、怨恨、不安等所有不良的情感。

而这些负面的情感,在孩子长大后则会成为左右孩子行为的因素。那是没办法改变的事情,正如天要下雨、娘要嫁人一样,是没办法改变的。

如果强行压抑自己的话,那就只能变得抑郁起来,而且除了抑郁之外,也没有其他的方法了。

这样的遭遇,对于那些在爱的包围中长大的人来说,绝对是想象不到的事情。

感觉到活着累的人,为什么会感觉到活着累?这也是局外人很难理解的一个问题。

**逐渐学会迎合周围的人**

人们常说,有心计的人时常会操纵别人。那么,同样有心计的父母也会操纵孩子,通过教唆或是威胁等方式来操纵孩子。有时,甚至还会进一步通过嘲笑孩子的方式来达到治愈自己内心伤痛的目的。总之,父母把孩子当成治愈自己内心伤痛的工具。换句话说,就是有心计的父母把孩子当成自己的玩具了,孩子成为父母的玩物了。也许有人会认为,"孩子成为父母的玩物"这样的说法是不是也太耸人听闻了?

但是,人在小的时候,往往会通过玩弄人偶或是布娃娃等来排解心中的郁闷之情,并且,世上也有一些人,在成年之后仍然有无法被满足的孩子般幼稚的欲望。这样的大人,不是通过人偶或是布娃娃来排解内心的郁闷,而是通过"玩弄"孩子来排解内心的郁闷。这是多么不合情理的事情啊!

因为听话顺从的孩子,比起人偶或是布娃娃来,是一种更有效的排解郁闷的工具。孩子被这样的父母"玩弄"后,长大后,也会变成习惯于接受周围人"玩弄"的人。

人,最初是通过与父母的接触才开始学习与人交往的技巧的。而对于那些被父母所"玩弄"的孩子来说,那些被玩弄的方式就成了以后与人交往的方式。然后不知不觉间,身边就聚集了一群"玩弄"自己的人。

另外,社会上有一些狡猾的人也经常在寻找诱饵,而且他们很容易找到那些习惯顺从的人,然后就想办法接近,尽可能地从诱饵身上榨取好处。

在父母的"玩弄"中长大的人,自身就带有自卑感,也没有明确的人生目标,只是四处做老好人,迎合别人。只是,这样做还是无法获得身边人的好感。

## 憎恨感膨胀到一定程度就会产生抑郁感

在父母的利用下长大的人，会把被人利用当成是理所当然的事情。

或许，有人会认为，"被父母利用"这样的说法实在是不好理解。但是，那些患上抑郁症的人，实际上就是在家庭中起得最早、干活干到最晚、而且也是最不招人待见的孩子。

或许，现在的家务活儿已经变得和以往不同了。以往，在一个普通的家庭里，从劈柴到洗抹布，家务活儿可谓没完没了，而且厕所也不是冲水式的，也没人愿意打扫厕所，但是，又不得不找个人去干这个活儿。

孩子步入社会开始赚钱后，所赚的钱也是要交给父母的。自己想支配自己的收入是不被允许的。想想以前农民家的媳妇是怎么样的，就不难理解这种事情了。那时候，媳妇儿只不过是劳动力。

总之，在冰冷的处于支配地位的父母面前，其他的家庭成员就如同家里的佣人一样，并且，总要有人成为这个家庭的佣人。

欺负人的事，也不是谁都能做的，一定要找到一个可以被欺负的对象。同样，处于支配地位的、严厉的父母，也会选择可以成为利用对象的孩子。

家庭成员中总要有人被选择成为被欺负、被利用的对象。这样,被选择的人在长大以后,在同家庭成员以外的人进行交往时,也会认为被选择做别人利用的对象是非常自然的事情。这样的人,即便是被身边那些狡猾的人利用了、欺负了,也不会感到生气、愤怒的。

现在,还有习惯于被上司任意使唤、利用的部下。==有自卑感的部下,会非常开心地被人利用。那是因为除了被利用之外,他们就不知道还有其他的生活方式了。==

但是,在不知不觉间,在他们的心里就会积累起大量的憎恨来。

就这样,在不知道如何化解心中的憎恨的同时,憎恨的量逐渐达到了一定的程度,这样就会产生抑郁,人也就会觉得活着很累。但是怎样做才能改变这种状况呢,他们自己心里也不是很清楚。

## 三、抑郁与对人生的思考

**要学会在适当的时候休息**

如果把人生比作大山的话,那么每个人的人生都是在翻山越岭,而且每个人翻越的是各种各样、完全不同的山。

可能有的人在翻越那座大山后成就了一番伟业,那是在遭遇了毒蛇、暴风的袭击之中翻越的。"真是好不容易才到了这一步!"但是,即便是看上去一样的山,对有些人来说,好像在晴朗的日子里散着步就轻松翻过了。

但是从外面的人来看,无论是不是生活在"父母孩子角色错位"的家庭里,所有的亲子关系看上去都没什么两样,都是单方面忍受着被"利用"的处境而顽强地继续活着。即便是最后变得神经衰弱了,他们也是在一个物质条件不错的环境下继续生存着。

只要还能够活着,这样的人就已经很了不起了,也可以说,现在仍然活着本身,就可以说是一种奇迹。

这种人其实是在保护自己。他们同所有的破坏势力作斗争,保护好自己。有时候会感觉到活着累,也是理所当然的事情。

那是一种伟大的人生。生来就不被命运之神眷顾的人,光是活着本身就是很伟大的。感觉到活着累的人,已经没有任何精力去做什么了。对于感觉到活着累的人来说,现在最需要的就是休息。

并且,在休息的时候,完全没有必要去想"这个还没做,那个还没做"。感觉到活着累的人,现在这样好好活着就是很伟大的。既不用去犯罪,也没有去自杀,就这样坚强地活到现在。

而在和这些人差不多的环境中长大的人当中,为了治愈心里的伤害而走上犯罪道路的也是大有人在。现在虽然活着感到累了,但是好好活着本身就是很了不起的事儿。

**心理病弱的人能好好活着就很了不起**

但是,对于那些被包裹在父母之爱中的非压抑型的人来说,生存是一件很稀松、平常的事情,谈不上伟大不伟大。为社会服务,为他人工作,先人后己,即便是做到这种程度了,从某种角度来看,也不是什么大不了的事情,也是很平常的事情。

可是即便是同样地活着,其人生的价值也是有着天壤之别的。当然,从社会学的角度来看,为社会做出贡献的人自然是了不起的人。

说起"生来就病弱的孩子"来,大家都能理解。但是,"生来就病弱"并不单指身体上的病弱,也有在心理上生来就病弱的孩子。

生来就心理孱弱的人,现在在社会上还体体面面地活着。对此,我们可以做出评价——"真是出人意料"。感觉到活着累的人,应该意识到自己的人生也是很了不起的。尽管生老病死是自然之事,但还是好好活着的好。

那些认为死是当然的而活着的人,跟认为活着是当然的而活着的人是完全不同的。认为死是当然的人,光是活着本身就非常有意义。

最为重要的是,从小就被榨取爱的人能够认识到现在自己好好活着的伟大之处。真正努力过的人,才是真正拥有自信的人。

世上的人大概可以分为如下几种,一种是和外部的困难作斗争的人,一种是和自己内心的魔鬼作斗争的人,还有一种人是穷尽了毕生精力同心理的伤痛在作斗争。

既有通过业已形成的"神经元"网络同外部的敌人进行斗争的人,也有为了更换业已形成的"神经元"网络而进行斗争的人。还有一些人,如果不改变想法的话,就无法认真、像样地生存。

有的人用生命同外敌进行斗争,也有的人为了改变业已形成的自我而进行斗争。有的人认为斗争本身就是有意义的事,也有的人认为在斗争中取胜才是有意义的事。

**"小的时候没有人保护我"**

从小到大,如果没有经历过身边的人为自己做过什么事的话,那么这样的人很难相信别人的好意。

长大后,即便是有人为自己做了什么事,这样的人也很难认为这是对方的好意。那是因为他已经无法相信别人了。

有的母亲习惯于认为"这样做大概就能让孩子满意了吧"。那么,在这样的母亲影响下长大的孩子,长大后也应该可以相信他人的好意了吧。但是如果母亲从未为自己做过什么事的话,这样的人在长大后还是无法相信别人的好意的。

小时候有过他人为自己做过某事经历的孩子,和只能靠自己来保护自己而别无他法的孩子,在长大后他们对事情的看法是不一样的。他们每天生存所消耗的能量也不同。

有过他人为自己做过某事经历的人,可以生活得更有安全感。而没有那种经历的人则生活在不安和紧张中。这样的生存方式本身就在消耗着生命力。那些感觉到活着累的人,就是这种类型的。

## "好孩子"的悲哀

父母常常教育孩子要自己照顾好自己,其实就是想不给别人造成麻烦。能够不让他人操心的孩子就是所谓的好孩子。而好孩子实际上却是一边苦于内心的烦恼、一边又过度地去适应这个社会而已。

这样的"好孩子",从没有过不付出任何代价而有人为自己做过某事的经历。因为他们认为在这个世界上没有人会主动为自己做什么事,除非自己付出某些代价。

因此,这样的人总是特别小心在意别人的喜怒哀乐。如果因为自己而让对方的心情不爽的话,内心脆弱的人会感觉到无法活下去的,因此,他们特别在乎他人的感受。那些心理脆弱的孩子,只有通过满足他人的方式才能维持自己的生存。

长大以后,或许情况就不同了,但是,等到成为大人那一刻起,那种为他人的喜怒哀乐而生活的神经元网络结构却早已形成了。

因此,即便是成人后,自己的身边环境与小时候完全不同了,自己对生活的感受还是没办法改变的。自己对于他人的小心在意的心境,跟小的时候也没什么变化。而在小心谨慎中度过的每一天都需要消耗大量的能量。

如果说那些在社会活动中不怎么活跃的人会感觉到活着累的话,那么心理健康的人或许会说"他们不是也没做什么事吗,为什么会感觉到累"。但是,生活中的每天要消耗的能量是因人而异的。

内心安定的人,做的事情越多,越感觉到精力旺盛。而整天惴惴不安的人,即便是什么都没做,也会感觉到累。光是呼吸、喘气,也会消耗大量的能量。

世界上的人大致可以分为两种,一种是在工作中变得精力旺盛的人,一种是在工作中消耗自身能量的人。

**否定自我本性导致生命力衰弱**

在希尔逊的《幸福论》中,提到过精力最旺盛的里宾故斯顿曾说过"为神而工作,额头汗亦为兴奋剂"[①]。

在工作中,越来越精力旺盛的人,与那些得了抑郁症似的逐渐消耗掉精力的人,二者到底有什么不同呢?

其差异就在于对自己本性的态度如何,前者遵从自己的本性,致力于自我价值的自然实现,而后者则是违背自

---

① 《希尔逊著作集第一卷·幸福论Ⅰ》,冰上英广译,白水社,1980年版,第14页。

己的本性,强迫自己去实现自身价值。那些患上抑郁症的人就属于后者。

生理上长期处于精神旺盛状态的人,在心理上随着年龄的增长也会变得愈发成熟。这样的人也就是所谓的自我实现型的人。"为神而工作,额头汗亦为兴奋剂",也是这样的人。

这里所说的"为神而工作",并不是说是为了取悦身边之人、为了获得别人的称赞而去工作的。

这样的人,其内心坚强之处,就在于没有对自我的过分执著。

"为神而工作"的人很少会感觉到焦虑和压力。这是因为他们会尽力做好自己的本职工作,因此,他们既有活力,也有持久力。

==有抑郁症倾向的人,他们所付出的努力其实是在否定自我本性,因此越是努力,越是消耗能量,越是在失去生存的能量。==

社会心理学家弗洛姆(Erich Fromm)所说的"精神病症的非利己主义",指的就是精神病的某种症状。而从表现出这种症状的人身上是看不到爱的踪迹的。因为他们不论做什么事,都期望能有所回报。

与此相关的其他症状,还有抑郁、疲劳、对工作产生的无能感,以及恋爱关系的失败等。弗洛姆认为,"精神病症的非利己主义者"就为上述症状所苦恼。

这些症状的出现,就是他们勉强自己做事、逐渐丧失自我的结果。患有这些症状的人,其内心充满了憎恨感。

那么,为什么精神病症的非利己主义者会表现出这些症状呢?他们为什么会感觉到活着累呢?那其实就是因为他们在做迷失自我的事情,就如同让郁金香的花茎上开出蒲公英的花朵一样,再怎么努力,即便到了天荒地老的那一天,也是无法实现的。

而其他的人都在绽放属于自己的那朵花,其他的人都怀揣着属于自己的梦想踏上了旅途。但是,患有精神病症状的人总是在同一个车站徘徊,因此,他们的身上也就表现出上述的各种症状来。

**人际关系与内心疲倦**

有这样两个词语:一个叫"功能间关系",一个叫"功能内关系"。木村敏在《关于所谓的"抑郁症性自闭症"》的论文中做过如下解释:所谓的"功能内关系"是指"对某种地位的执著和不安";所谓的"功能间关系",指的是比如在协调作为父亲的角色和作为公司科长的角色之间的失败。

在某个短暂的时期内,可能会有很多人都表现得很活跃。那是因为在短时期内还没有产生"功能内关系"的缘故。"功能内关系"的典型病例就是"升官抑郁病":有些人很想升官,但是又担心真的升官后无法胜任新的工作。

人际关系有时候可能会削弱人的能力。无论是"功能间关系"还是"功能内关系","关系"都是阻碍人的能力充分发挥的障碍。被众多关系网缠住的人,就如同负重行路一样艰辛。

德川家康曾说过这样一句话:"人生就如同负重爬坡一样。"但是如果是看得见的重担还好说,如果是源于社会关系而产生的心理重担,十有八九在前行之路上会有重挫在等着你。

那些内心为关系所纠缠的人,从外表来看似乎毫无负担,但是,正是因为背负的是看不见的重担,所以他们才更加感觉到疲惫,完全没有什么活力。

这样的人,即便是用皮鞭抽打着让他去公司上班,他们也是无法开创一片新天地的,等待他们的只有挫折。更为严重的情形,他们甚至会患上"筋疲力尽征候群",变得毫无精神,或者患上抑郁症。

## 世间最美的还是人性之美

因此，有抑郁症倾向的人，哪怕需要从公司的工作中稍微偷点懒，也要考虑解决内心的苦恼。

打小起就非常认真的人，如果考虑一下漫长的人生的话，偶尔从公司请个假稍微休息一下，会是非常有效的利用时间的方式。这样，即便是升迁的过程稍微慢一点儿，迟早也会在公司中出人头地的。

前面已经提到了，所谓的"功能间关系"指的是在调整作为父亲的功能和作为科长的功能方面的失败等关系。遭受挫折的人会认为，行使作为父亲的角色所花费的时间和精力和行使作为科长的角色所花费的时间和精力是有冲突的。实际上，正是这样的想法，成为漫漫人生道路上不断遇到挫折的原因之一。

在工作中，最终看重的也是人的器量和气度。或许，刚刚步入职场时，你可能英语很好，或是字写得漂亮，或是数学很好，或是擅长操作电脑，或是比较细心等。但是，时间长了，你就不得不去承担更重的责任了。到了那个时候，最重要的还是作为人的器量和气度。其中也需要在行使作为父亲的角色时锻炼出来的某种品质。还有，年轻时和朋友在野外游玩时学到的东西也很重要。

和爱人的交往,也会在不知不觉间促进人在心理上的成熟。所以最终看重的还是人性之美,也就是能否做到与人达到心意相通。

也就是说,能够与人心意相通之人,其内心豁达,不受羁绊之苦。如果说完全不受羁绊之苦有点过头的话,那么可以保守点,至少会很少受到那种苦恼。因为能够与人心意相通之人,其内心很少会受到羁绊之苦,因此也很少会屈服于生活的压力而成为失败者。

**要学会健康的生活方式**

用一个稍微难懂的词来说的话,那些只依靠"角色认同"才能生存的人,是无法战胜来自重任的压力的。与此相反,那些真正具有"自我认同感"的人,则能战胜那些困难。之所以在"角色认同"中会有优劣之别,那是因为有憎恨感的缘故。

在之前提到的木村敏的论文当中,还写道:"真正的恋人之间,'角色认同'毫无插足之地。"这里最重要的一点就在于"真正"二字。

在计划型恋爱当中,"角色认同"很重要。如果自我认同是以自己是主任或科长为中心的话,那么,在看到恋爱对象的时候,也是用这样的角色来看待对方的。但是,在真正的恋人之间,却没有这样的角色认同。

==在沉重的社会责任面前,无论是谁,都会感觉到压力的。而在应对这种压力时,年轻时候在纯真的恋爱当中所学到的东西就非常有效。==

那些在角色认同中生存的人,在面对这种压力时,往往会感觉到难以忍受,在紧张和不安中消耗着能量,逐渐变得连工作也做不好,工作效率低下,心理更加焦虑,这样就形成了一个恶性循环。

患上"升官抑郁症"的人,就是一副要得这种病的样子。

因此,真正患上了抑郁症的时候,就要好好反省一下迄今为止自己的生活方式,这也是一个好好思考自己人生的机会。能够这样做的话,或许也会认为"现在患上了抑郁症也不是什么坏事"。

## 本章重点摘要

情感上不成熟的人,可能会憎恨别人,但却无法去爱别人。只有情感上成熟的人,才有可能去爱别人。

在很多情况下,习惯于整天板着脸的人以及脸上充满恨意的人,都是自身的撒娇欲望得不到满足的人。

那些体味过内心之苦的人,在很多情况下,都是不明白自己所受之苦的原因的。不仅如此,对他们来说,更不幸的还在于,就连自己身边的人也不能理解自己的内心之苦。

在角色错位背景下长大的人,会由于对他人的好意心存敬畏而无法拒绝。即便长大以后,在记忆里也会留存有这份情感。

如果对方表现出不高兴,对于有"加害恐惧症"的人来说,那就是在责怪自己。因此,那样的人,即便是在成年以后,对于他人的喜怒哀乐,仍然会特别在意。

孩子出生时的哭声听起来像"太恐怖了,太恐怖了"的声音一样,而世上也有从出生开始就心存恐惧感的人。

有"被责妄想症"的人,在心里其实也有如同汽油一样的东西,时常会担心有人说了什么话会"点起那把火来"。

在"父母孩子角色错位"的背景下,在被父母逐渐榨取爱的时候,在孩子的心底就会积累下如敌意、憎恨、恐怖、怨恨、不安等所有不良的情感。

因为听话顺从的孩子,比起人偶或是布娃娃来,是一种更有效的排解郁闷的工具。孩子被这样的父母"玩弄"后,长大后,也会变成习惯于接受周围人"玩弄"的人。

在父母的"玩弄"中长大的人,自身就带有自卑感,也没有明确的人生目标,只是四处做老好人,迎合别人。只是,这样做还是无法获得身边人的好感。

有自卑感的部下,会非常开心地被人利用。那是因为除了被利用之外,他们就不知道还有其他的生活方式了。

那是一种伟大的人生。生来就不被命运之神眷顾的人,光是活着本身就是很伟大的。感觉到活着累的人,已经没有任何精力去做什么了。对于感觉到活着累的人来说,现在最需要的就是休息。

最为重要的是,从小就被榨取爱的人能够认识到现在自己好好活着的伟大之处。真正努力过的人,才是真正拥有自信的人。

世上的人大概可以分为如下几种,一种是和外部的困难作斗争的人,一种是和自己内心的魔鬼作斗争的人,还有一种人是穷尽了毕生精力同心理的伤痛在作斗争。

那些心理脆弱的孩子,只有通过满足他人的方式才能维持自己的生存。

内心安定的人,做的事情越多,越感觉到精力旺盛。而整天惴惴不安的人,即便是什么都没做,也会感觉到累。光是呼吸、喘气,也会消耗大量的能量。

有抑郁症倾向的人,他们所付出的努力其实是在否定自我本性,因此越是努力,越是消耗能量,越是在失去生存的能量。

德川家康曾说过这样一句话:"人生就如同负重爬坡一样。"但是如果是看得见的重担还好说,如果是源于社会关系而产生的心理重担,十有八九在前行之路上会有重挫在等着你。

　　因此,有抑郁症倾向的人,哪怕需要从公司的工作中稍微偷点懒,也要考虑解决内心的苦恼。

　　在沉重的社会责任面前,无论是谁,都会感觉到压力的。而在应对这种压力时,年轻时候在纯真的恋爱当中所学到的东西就非常有效。

# 第二章

## 消极思想的源头
### ——爱的缺失感

---

一、希望得到别人认可的欲望

二、将对他人的怒气以弱者的方式表现出来

三、为什么对不幸的事情要念念不忘呢?

# 一、希望得到别人认可的欲望

## 孩子希望得到父母的认可

那些感觉到活着累的人,其实是因为想得到别人的认可而勉强自己、过分努力的结果。一个人的生活方式如何,在很大程度上与"希望得到他人认可的欲望"的强烈程度有关。而对于那些小时候就没有得到爱的人来说,这种"希望得到他人认可的欲望",其强烈程度是超乎想象的。

再怎么普通的孩子,他们最想得到的也不是"关爱",而是自己的所作所为能够被人认可。

比如,孩子有时会对妈妈说:"妈妈,东西很重吧,我和你一起拿吧。"这时候,妈妈可能会想孩子还是想玩的,如果让孩子和自己一起拿东西,可能会耽误孩子玩,就对孩子说:"不用了,妈妈我一个人拿就可以了。"但是,这时孩子往往会露出不愉快的神情。

妈妈是考虑到孩子可能更想去玩一会儿,所以才说

"不用了,妈妈我一个人拿就可以了"。但是孩子却会因此而闹情绪,不开心。这时,当妈妈的就有点不知所措了。

其实孩子是想帮助妈妈做点事,希望能够得到妈妈的认可,是想帮妈妈做完事后能够从妈妈那里得到"真是帮了大忙了"这样的夸奖。要是能够听到这样的夸奖的话,对孩子来说,可是非常开心的事情。

孩子就是期待自己主动要求帮忙的这份心情能够得到妈妈的夸奖,可是,妈妈却说"不用了,妈妈我一个人拿就可以了"。

这样,孩子不仅仅失去了一次帮忙做事的机会,而且也不能从妈妈那里得到任何感谢之类的话。本来想通过主动请缨来得到夸奖的,这下都成为泡影了。孩子之所以会露出不愉快的神情,其原因也是可以理解的。

==孩子如果想让父母为自己做点什么,那确实是很开心的事情,比如,得到关爱和照顾等;但是,在此之上,孩子希望做的事情就是父母能够认可自己的所作所为。==

据说,抑郁症患者如果感觉到自己在某件事上发挥作用了,心情也会变得好起来。[1]

当孩子希望自己做的事情能够被他人赞赏的时候,如

---

[1] 大森健一著:《抑郁症患者与氛围》,饭田真编:《躁郁病的精神病理 3》(弘文堂)。

果做不到的话,心情就会变得糟糕起来,感觉到无聊、没劲,感觉到不开心,甚至会对对方产生憎恨感。就如同当自己朝着小树扔出去的石头命中的时候,希望有人能够说"哇,太棒了"一样,孩子希望自己能够得到别人的认可。

但是,以"不用了,我一个人拿就可以了"拒绝孩子帮忙的父母,虽然是站在父母的立场上为孩子考虑,但是却招致了孩子的不满情绪。或者说,在其他事情上也是一样,孩子会暗想道"我是这么想帮忙,但是却不给我机会……",做父母的反而成了孩子不满的对象。

但即便是有所不满的孩子,也是知道父母都为自己做了哪些事情的。比如,带自己去旅游,为自己做好吃的东西,为自己买衣服,生病的时候带自己去看医生,过生日的时候准备聚会招待朋友等。

但是,这些事情与孩子希望得到认可的愿望是完全不同的。

<mark>对孩子来说,无论得到什么,如果不能得到父母的认可的话,在他们的心情上就会表现为不满。</mark>

**人人都希望得到别人的认可**

但是,希望得到他人认可的,可不光是孩子,即便是大人，也希望能够得到他人的认可。由于这种希望得到他人认可的愿望不能得到充分的理解，因此在人际交往上往往就会出现问题。

比较令人意外的是，无论是孩子，还是大人，当想得到诸如"太棒了"之类赞誉的时候，往往都会拿某件事作为话题。为了让别人能够认可自己做过的事情或者是自己的立场等，经常会拿某件事作为话题。

比如，丈夫在家里拿公司的事情作为话题，说起部下工作中的不是来，其实潜台词的意思就是在说："连那样的部下我都能够忍受，是不是很了不起啊？"其实丈夫是想得到妻子的认可。这与部下啊，上司啊，恋人啊什么的，一点关系都没有。

例如，丈夫有时会对妻子这么说自己的同事，"那个人一点魄力都没有，干什么事都是得过且过式的，不能清晰地表达自己的意见"等。然后，妻子就会说，"那你为什么不对他说你不喜欢这样的做事风格呢"，言下之意就是将谈话的内容转到具体的解决策略上。但是，丈夫说这个话题想要的可不是什么解决的策略，而是希望听到妻子说"你在公司里也真是挺难做的啊"之类安慰的话。对此，妻子却只是拿"做不好事情的部下的话题"或者"优柔寡断的同事的话题"来展开对话的话，丈夫自然就不会开心了。

也就是说，妻子在听到丈夫的话之后，没有说"每天要承受这么多压力的你实在是太辛苦了"这样的话，而是对丈夫说一些具体的诸如"这样做的话是不是好一点儿"之类的建议，因此，丈夫就会变得不开心了。

丈夫对妻子说什么部下或者同事的事情，可不是为了从妻子那里听到具体的建议什么的。丈夫之所以要拿公司的人来作为话题说事，其实是想从妻子那里听到这样的话——"在这样上下都不行的公司里工作，还真是难为你了，真了不起，要是我的话，早就干不下去了。"

**母亲——孩子心灵的守护者**

孩子在受伤时会说"疼！疼！疼！"这时候，有的母亲就会给孩子的伤口处抹上红药水，并对孩子说"很快就会好的"。而稍微严厉一点的母亲则会说："就这么点伤，有那么疼吗？"其实，孩子这时候并不是在说生理上的"疼"，而是在诉说："虽然疼，我还能忍受。是不是很了不起啊？"其实孩子是想让母亲认可这么坚强的自己。

一点小伤就大喊大叫的孩子，其目的绝对不是说让妈妈马上为自己治伤。要是领会不到这一点的话，孩子就会愈发地吵闹、撒娇。

有的母亲,在孩子发烧的时候马上就要给孩子吃退烧药。这样做的话,其实不是在尽母亲的职责,尽的其实是医生的职责了。医生的职责与母亲的职责是不同的。母亲的职责就是孩子心灵的守护者。

有一个丈夫,在家里说了几句消极的话。比如:"在现在这个时代,我们的公司也由于减员而面临人手不足的问题。说不定我什么时候就累倒了。"听到这话,做妻子的就劝丈夫说"要不,请个假休息一下儿"之类的话来。

但是,丈夫真正想要听的并不是妻子的建议什么的,而是希望从妻子那里听到诸如"在这么艰难的时代里,在裁员的压力下仍然顽强工作的你真是了不起"之类赞赏的话。

<mark>人在说一些消极想法的时候,其实是想得到他人的认可和夸奖。消极思想的源头就在于对爱的缺失感。</mark>

一个人内心深处的情感往往表现在对事情的见解上。在一个人有消极情绪的时候,如果对方说的是"请不要将此事放在心上,应该积极地去思考"之类的话,那么这就只会让他更加不开心。

一个人有消极的想法,往往不是无缘无故的。若光是一味地劝解对方"积极点、积极点",反而会让对方情绪更加低落。当然了,这样说的本意是想鼓励一下有消极情绪的对方,但实际上却使得对方更加没有斗志,更加情绪低落,结果只能使对方变得更加不开心了。

## 二、将对他人的怒气以弱者的方式表现出来

**一味伤感自身不幸的人是不会获得友情的**

对于那些有抑郁症倾向或是精神病倾向较强的人,时间长了,连身边的人都会厌烦他们的。那是因为虽然与身边的人比起来,这些人往往都是经济条件较好的,但是一说起什么,他们就会抱怨自己倒霉,就会大吐生活的苦水。也就是说,他们对于任何事都是抱着消极态度的。

而实际上他们既没有金钱方面的困难,也没有受到什么伤害,更不是遭遇失恋了。

那些有抑郁症倾向或是精神病倾向较强的人,虽然并不是真的遭遇了不幸,但总是喜欢在人前哀叹自己"不幸的人生",甚至每天都在诉说自己的"辛苦"。

这样,时间长了,即便什么都不说,他们也会在身边营

造出一种"辛苦和不幸"的氛围来。有时候他们甚至会说"自己是最不幸的"。

但是,这么说也不是因为得了什么疑难杂症住进了医院。非但不是这样,而且与一般人比起来,他们的身体可是健康得很。

因此,那些经常听到诉苦的身边的人,久而久之,就会对这些喜欢哀叹自身不幸的人心生厌烦之感。久而久之,人们就会刻意避开那些有抑郁症倾向或精神病倾向较强的人。

人们就会逐渐远离那些喜欢说"辛苦和不幸"的人。在这一点上,无论是大人,还是小孩,都是一样的。对于经常喜欢说"很累"的孩子,下一次再玩儿的时候,其他孩子就会刻意地疏远他。

==不幸是会传染的,身边的人也会因此变得不开心。不幸的人所在的房间里的空气也会变得暗沉沉的。身边的人也会因此变得情绪低落。==

因此,不幸的人身边聚集不了新朋友,并且之前的老朋友也会逐渐远去。不幸的人招来了不幸。如果一个教授整天摆着个黑脸,无论他要讲授的东西有多么重要,学生也是记不住的。因为教授的话进入不了学生的头脑中。

## 换个角度理解有抑郁倾向的人的话语

但是,如果站在有抑郁症倾向或者精神病倾向较强的人的立场上来说的话,他们想要的也不是多么漂亮的房子,因此,如果有人对他们说"你不是有了这么漂亮的家了吗",这样的话对于这些人来说一点意义都没有。

他们所希望得到的,其实是"真是辛苦啊"之类同情的话语以及"能够忍受不幸至此的你真是了不起啊"之类赞赏的话语。

那些有抑郁症倾向或者精神病倾向较强的人,希望能够得到他人的认可。而在希望得到他人认可的时候,如果身边的人说的是"你不是很有钱,也没有什么难事的吗"之类的话,对于这些人来说就等同于"一点都不理解我现在的心情"。因为这些人心里对爱的缺失感非常强烈,所以对爱的追求也较常人来说更加的紧急、迫切。

那些有抑郁症倾向或者精神病倾向较强的人,并不是想从别人那里得到多少金钱,而是想得到"你太棒了"之类的来自社会的认可。

他们口中所说的"活着真辛苦"的话,其实潜台词意味着希望要得到更多人的认可。

但是，那些有抑郁症倾向或精神病倾向较强的人，要是同心理健康的人进行对话的话，还需要一个翻译。

实际上，将日语翻译成日语，比起将日语翻译成外语来，在日常生活中发挥的作用更加重要。

大家都知道，对于翻译成外语来说，如果不翻译的话，那么大家彼此就都不知道对方的意思。但是，如果没有将日语翻译成另外的日语的话，有时候虽然大家觉得都能理解对方的意思，但实际上彼此却根本不了解。

如果这个世界上有人能够将日语准确地翻译成日语的话，那么社会上人际关系的纠纷、不和，至少有一半都将不存在了。

**倾诉自身不幸实际上是在表现憎恨**

那些感觉到活着累的人，经常爱喋喋不休地说"我受伤了，受伤了"，而身边的人有时会充满疑问地想"真是如此吗"。

他在说"我受伤了，受伤了"的时候，其实包含着"我恨那个人，不能原谅他，我要杀了他"这样的意思。

因为平日的憎恨感无法痛快地倾诉出来，所以就采取了强调"受伤害"这样的夸大自身不幸的方式来发泄内心的憎恨感。

而身边的人却说,"我们大家都没有伤害到你,你是不是什么地方搞错了"。身边的那些人,是无法从倾诉自身不幸的人的话语中读懂他内心的真实想法的。

感觉到活着累的人,总是喜欢向人倾诉自己作为受害者的不幸——"我倒大霉了,我可摔大跟头了"。

他一直这么说,其实是在责怪身边的人,虽然对身边的人有怒意,却不能直接表达出来。因此,他也就只能一味倾诉自己的不幸和受到的伤害。

这样一来,他身边的人就会充满了疑问,"你倒了那么大的霉吗?我怎么没觉得"。这样一来,这个人就会感到愈发地受伤。

而事实上是他自己夸大了自身的不幸。实际上正如身边的人所说的那样,这个人的遭遇并不像他所说的那样悲惨。

但是,他却要夸大事实说"我经历了这么悲惨的遭遇",其本意是想通过这样的话语将沉积在心底的憎恨感发泄出去。

他要用这样的话来倾诉的,并不是实际的受伤害情况,而是平时无法倾诉的如同陈年积雪般沉积在心底的憎恨感。

### "从小时候起就无人疼爱的怨恨心情"

"我经历了这么悲惨的不幸遭遇"之类的夸大化的潜台词,其实就是在表达"为什么单单是我要遭受到这样的不幸,我恨那些人"之类的意思。但是因为无法直接说出"我恨那个人,我想揍他一顿",所以只能通过夸大自己不幸的方式表达出来。

这正如同过分压抑的愤怒会转化为偏头疼一样。

即便如此,他身边的人却强调实际受伤害的情况,从"善意"出发而对他进行安慰——"不是没有那么严重的伤害吗"。但结果却使这个人感到更加受伤害。

"我是这么惨啊",在说这句话的时候,他其实并不是在说"我很不幸",而是在说"我在生你的气",是在说"我无法原谅你"的意思,是意图通过这种方式将日常积攒的怒气发泄出来。

其实对于感觉到活着累的人到底想要倾诉什么,他身边的人并不想知道。

这跟建议用头痛药治疗倾诉偏头疼的人是一样的。偏头疼是一种病痛,实际上也是在发泄在那个人心中被压抑的怒气和憎恨感。

==某人在夸大自身不幸的时候，几乎没有一个人会将这个与"小时候起就无人疼爱的怨恨心情"联系起来。==

一个人的内心情感多表现在对事情的见解上，因此，感觉到活着累的人，如果从身边人的立场来看的话，那就是极其傲慢的人，从成长的角度来看，也确实是值得同情的人。

**同样的经历，不同的感受**

美国精神病专家艾伦·贝克曾说过："并不是说抑郁症患者的经历与其他人不同，经历都是一样的。"这句话对于我们认识、了解抑郁症患者来说是非常重要的。

比如，一个抑郁症患者说"我受伤了"或者"我发烧了"，他不仅仅是在说"我受伤了"或者"我发烧了"，实际是在说受了伤的"我很难受"其实是在希望对方能够"更多地关心受了伤的我"。

同样是感冒，患有抑郁症的人和心理健康的人，其感知到的难受程度是不一样的。理解不了这种差异的话，身边人的关心就变成了单纯的"治感冒"了。

因此，抑郁症患者逐渐就会说出"谁都不能理解我"这样的怨言了。

对于抑郁症患者来说，真正难受的并不是感冒本身。那些有抑郁症倾向的人，本来为了好好活在当下就已经筋疲力尽了，他们的心底有一个声音在呼喊着，"请不要再有更多的事情发生了"。这时，感冒这件大事却发生在自己身上。然后，他们就会向他人倾诉——"感冒了，活不下去了，快来救救我吧"。但是，身边的人能够想到的也仅仅限于医治感冒的事情上。

对于感觉到活着累的人或者有抑郁症倾向的人来说，真正感到难受的，正是得了感冒后这种"难受"的心情得不到身边人的理解。

抑郁症患者得了感冒，说"很难受"这样的话，心理健康的人就会想，感冒了很难受的话，那吃点药给治疗一下就好。因为喝鸡蛋酒对治疗感冒有好处，所以就会建议他喝点鸡蛋酒早点休息。

身边的人，并没有过多在意抑郁症患者所哀叹的"啊，我感冒了"这样的心情，而是将注意力放在治疗感冒上了。而抑郁症患者要得到的并不是治疗感冒的建议。

抑郁症患者的生命力处在逐渐衰落的过程中，这样即便是得了普通的感冒，也会比常人更加感觉到难受，因此，他们要哀叹自己患上了感冒。而这种哀叹，却是身边的人无法理解的。

抑郁症患者希望身边的人能够理解自己患上感冒的这种痛苦,而不是要求对方"帮我治疗感冒吧"。

如果有人能够理解这种难受的心情,对他说一些"真是辛苦啊"、"真是难受啊"、"为什么偏偏是你要经历这么难受的事情啊"之类的话,那么抑郁症患者就会感觉到心理上得到了治疗。

这样他们也就开始和普通人一样能够说同样的话了。也就是说,对抑郁症患者来说,感冒的治疗,其实是第二位的事情。

对于抑郁症患者来说,感冒本身并不是最大的问题。这就说明"抑郁症患者和普通人的经历并无不同"。

美国精神病专家艾伦·贝克认为,并不是经历不同,而是对经历的感受不同。此言甚是,准确地说,实际上就是同样的经历所引发的情感不同。

**希望身边的人能够理解自己的苦闷心情**

有人说"生病了,病得很厉害啊"的时候,其实并不是真的说得了什么了不起的大病。之所以要大肆渲染"病得很厉害",其实是在向周边的人传达这样的信息——请对我再关心一点。

"病得很厉害"这样的话语,其实是希望对方能够"更关爱自己一点",希望对方能够"将自己的事情更当回事来听",是希望对方也能够共同来夸大"自己的病情"。

抑郁症患者,无论是受伤,还是落榜,还是失恋,他们要寻求的并不是事情本身的解决。他们首先追寻的是别人能够和自己一起哀叹自己的"不幸"遭遇。

对此,周边的人首先做出的却是对抑郁症患者进行鼓励,而并非是抑郁症患者所期望的"一同哀叹生活的艰辛"。

抑郁症患者寻求的并不是别人的鼓励,而是希望有人能够体谅自己的痛苦心情。抑郁症患者是在寻求关爱,而不是寻求发生在自己身上的事态的改善。比起任何事情来,他们都希望能有人体谅自己这份痛苦的心情。至于事态的改善则是在这之后的事情了。

在美国一些条件先进的医院里,常常会安排对病人进行心理治疗的医生。心理医生与主治医生组成一个团队,对病人进行治疗。这是因为治疗患者的抑郁病倾向有利于病人身体的康复。

==在处理人际关系上最最重要的就是体谅对方的心情。这条铁律,即便是普通人也要遵守,即便是心理健康的人也要遵守。==

不过，这条铁律，对于那些感觉到活着累的人来说，却能够产生更加深刻的影响。

所以如果你是热衷于向那些感觉到活着累的人提供改善事态的具体建议的话，那么你实际上是在将他进一步逼入困境。

**心理热线的使用者希望听到的话**

我曾在一家电台的心理热线节目担当嘉宾，倾听打电话咨询者的心声。我觉得即便是心理电话热线，感受最深的也是如同上节里谈到的一样。下面讲一个具体的例子。

有一次，有一个 48 岁的家庭主妇打来电话，说丈夫在外面有了情人，所以自己在两周前选择了离家出走。现在，她主要住在娘家，只有周末才回到丈夫所在的那个家。

她丈夫的情人也有 45 岁了，而且两人的情人关系已经维持了七年了，并且，那个女人正逼着丈夫和她离婚。她丈夫的情人经营着一家水吧，每天下午五点丈夫就会来到水吧，而到了七点以后，水吧就关门了。她还说，丈夫还对她实施过家庭暴力。

我建议她不妨考虑一下离婚，可是她却马上回答说"我可没有那个打算"，并且问我："我要是长时期不回家住,会不会对我不利啊?"

我问她"你想从那个女人那里得到一些补偿费吗",她马上用强硬的口吻否定说:"不!我不需要钱!"

因为她提到了"自从离家出走后连生活费都没着落",于是我就建议她说:"要不,向家庭法院提出申请,要求对方分担婚姻费用怎么样?"她却以"他每月都会给在外面上大学的孩子寄钱"为由,又否定了我的建议,并且,她进一步说,"虽然他现在给上大学的孩子寄生活费,但是我却不能开口向他要钱"。她说自己有2000万日元的积蓄。

在这里,我对心理咨询者一直在说的就是解决事情的方法,因此,对生活感觉到累的她,完全无法接受我的建议。

她想要获得的并不是诸如"向家庭法院提交申请分担婚姻费用"之类具体的解决方法。

她希望听到的是诸如"您太不容易了!您丈夫和那个女人真是太过分了!与他们相比,您可真是太了不起了"之类的话。

如果因为她说"生活费用一点都不给我寄"就认为她是在咨询"如何能让丈夫给我寄钱"的建议的话,那就大错特错了。

<u>与解决事情本身相比,她想诉求的其实是"我是这么的</u>

辛苦啊"，实际上是希望我能够理解、体谅她的这份"痛苦的心情"。她真正的关注点则在于让我认可她的人品好。

因此，如果我这么说——"你身边那么多无情之人，而你真是了不起，就你自己在做牺牲"的话，她听了一定会感到安慰的。

**人生的道路上并无神奇的"魔杖"**

但是，因为我说的是解决问题的具体建议，因此她很不满意。例如，我建议她"要不就别离家出走，待在家里怎么样"，她就会反驳说，"有家庭暴力，家里待不下，而且还有那个女人在"。如果我建议她"要不就向家庭法院提出调停申请呢"，她就会说，"我丈夫那个人是个很自视甚高的人，他可不会因为别人说点什么就点头答应的"。

如果我建议她"要是调停不行，那就提起离婚诉讼如何"，她甚至会为丈夫辩护，"虽然他们交往了七年了，但是丈夫却从未在外面过过夜"。这样的女人，对于我的种种建议，会马上进行否定。不仅如此，她还会对不断提出具体建议的我心生不满的。

虽然她是打来了电话，但明显不是来咨询解决方法的。只是表面上采取了咨询的方式而已，她真正想要的其实是想让我能够理解她那份痛苦的心情。

我要是说"您丈夫瞒着夫人您跟别的女人交往了那么久,这可是个大问题啊",她就会反驳我说,"我丈夫对工作很认真,对家庭也很重视,大概因为我有时候做得不好才会变成现在这个样子的"。听她说的好像真正值得同情的应该是她丈夫。

她进一步要问我"有没有稳妥的解决办法呢",其实是在寻找一把能随心所欲解决难题的"魔杖"罢了。

不过可惜的是,生活中并没有这样的"魔杖"。这位主妇面临的困境就在于向一个自己憎恨的人寻求爱。

这位女性,一方面不断希望对方来赞赏自己的人品,一方面又想实现自己颇为利己的要求,因此就成了优柔寡断的典型了。

这种如同孩童般的愿望没能得到满足,所以才更希望能够让身边的人认可自己,欣赏自己。与此同时,她也希望能够将憎恨的情感彻底释放。这样的话,自然她就不可能真正去采取具体的行动来解决问题了。

因此,对这位女性来讲,最重要的并不是事情的解决本身,而是能够每天哀叹"辛苦"、能够向身边的人倾诉怨言的环境。

### 探究对生活感觉疲倦的原因

可是，即便每天都抱怨、哀叹，也是于事无补的。真正痛苦的话，无论到何时都是痛苦的。只是在这种不断地忍受着生活的煎熬中度日，人的精力就会逐渐地消耗掉，所以这样的人也就很容易感觉到活着累了。

除了上面的这类人外，还有打来电话说丈夫坏话的女人。我就劝她们，要是选择离婚的话，还是应该趁着丈夫身体还不错的时候，但是，对方却怎么也说不出"离婚"这俩字来。

这些人谈话的主题就是抱怨、发牢骚，一点没有真正解决问题的意思；这样的人的生活方式就是一边抱怨身边的人、一边苟且地活着。对于她们来说，抱怨这些所谓的"不幸"的事情能够给她们带来"报复"的快感。

既然生活的不幸能够演变成报复，那么，这些打心理咨询热线的人从一开始也许就没有听取专家建议的意愿。

我做心理咨询工作已经有四十年了，但是从来没有碰到过前来咨询生活中的烦恼的，因此，如果只是一味地抱怨、倾诉不幸，那么到头来只能是越发感觉到活着累了。

感觉到活着累的人，应该好好想想为什么自己会感觉到活着累。如果好好去想的话,肯定能够找到原因的。

就拿之前的那位主妇来说,她最在意的就是在自己最苦闷的时候,丈夫也好,身边的人也好,都无法成为心灵的支撑。之所以她会在意这些,其根源就在于自己如同孩童般的愿望得不到满足。

这位主妇心里也是明白得很,即便自己得到了身边人的欣赏,自己也无法从苦闷中摆脱出来。

## 三、为什么对不幸的事情要念念不忘呢?

### 不能认同自身幸福的理由

有的人总喜欢说"累啊,累啊"。也有的人,再怎么好的事情发生在自己身上,他们也不觉得自己是"幸福"的。

这自然是因为在他们的过去可能有过不幸的经历,但是除此之外还有如下几个方面的理由。

第一个就是如果认为"我是幸福的"的话,那么他就会觉得自己过去的人生都是一场空了,就是说,如果认为"自己是幸福的"话,那就会觉得好像迷失自己了。

现在，如果因为某些琐事就会感觉到"幸福"的话，那么迄今为止自己感受的"辛苦和不幸"不就都没有意义了吗？其实他们想说的是，"我的不幸"并不是那么简单的东西，不是一点点"幸福"就能抹杀掉的。

比如，自己用芋头做了一些蜜，然后正好有个人拿了一些蜂蜜过来，如果有人说"蜂蜜很甜"，那么对比之下，自己辛苦做的"蜜"又将置于何处呢？

==我曾经在寒冷的地方待了好长一段时间，然后进入到一个温暖的房间。这时有人问我"感觉到暖和吗"，不知怎么，我竟然有些不安，无法说出"很暖和"来。==

我曾经得了结核病，在某地疗养，病终于好了之后，我对于自己的健康却没什么信心了。这时有人问我"你身体还好吗"，不知怎么，我还是会感觉不安，无法说出"我身体很好"来。

1973年第一次石油危机发生时，在日本也发生了所谓的"手纸骚动"事件。其实就是当时大家觉得万一手纸没有了那不是很糟糕的事情吗，于是所有的家庭主妇都跑到超市里去购买手纸，造成"一时纸贵"。

即便现在是幸福的，但是那种对于不幸说不定什么时候就会到来的担心和不安的心情却是无法消除的。这样的人不认为"自己是幸福的"理由之一，就在于他们的人生中充满了不确定性。

**"总想将自己的不幸迁怒于他人"**

<mark>就是爱抱怨、倾诉自己不幸的人往往会迁怒于身边的人。</mark>

比如说有什么好事发生,但是身边的人如果说"这样你也会变得幸福起来啊"之类的话,听这话的人就会感觉到很不自在。

他如果这时候承认"自己是幸福的",那么就感觉到今后再无法诉说对身边的人乃至对自己人生的不满了。

原野上的风迎面扑来的话,大家都会感觉到很舒服的,但是,如果是有抑郁症倾向的人,即便是同样感觉到很舒服,也会拒绝"自己是幸福的"这种舒服的感觉的。

有人说"今天晴天,天气真好,真舒服啊",但是,有抑郁症倾向的人,却拒绝这种舒服的感觉。

也就是说,正是因为沉积在心底的憎恨感无法消除,所以无法说出自己是幸福的。如果自己认可自己是幸福的话,那么今后就无法去抱怨身边的人了。

那些愿意夸大自身不幸的人,是因为心里有恨而去抱怨别人。当然了,这些人也不会直接面对面地去责备对方。但是,他们会在心里去抱怨身边的人,其实就是想将自己的不幸迁怒于身边的人。因此，只要心里有恨，无论怎样也无法认可自己是幸福的。

==那些有抑郁症或精神病倾向的人之所以要执着于自己的不幸状况，是因为他们可以据此来抱怨他人从而达到宣泄恨意的目的。==

即便周边的人说"你不是已经拥有了这样那样的东西了吗"，他们还是会执着于不幸的事情。那是因为他们心里有恨意，是因为现在的幸福无法完全稀释憎恨感的缘故。

但是身边的人并没有认识到这样的人带有的报复般的恨意，也并不知道这样的人对于自己的命运、对于社会的其他人其实抱有报复的心理。

任何人都期待获得幸福，即便是那些经常哀叹自身不幸的人也不例外。但是与对幸福的期盼相比，他们憎恨的情感却更加强烈。因为要是感觉到幸福了，憎恨感就无法宣泄了。比起获得幸福来，他们最想做的还是能够宣泄掉"这种憎恨的情感"。

在心中有恨的时候，有的人会直接攻击对方，采取报复行动，令人意外的是，这样的人竟然可以简单地就将恨意发泄出来。其实，他们的内心并不是真的有恨意。

但是，那些无法将恨意付诸行动的人，就会愈发苦恼于自身的不幸。那些"我真不幸啊"、"我很辛苦啊"之类的哭诉,其实就是表现自己对周边人的恨意的话语罢了。

**"不幸"是伪装的憎恨**

所谓的"不幸",其本质就是伪装了的憎恨。他们因为固执于自己的不幸,才想着去发泄内心的恨意。苦恼于自身不幸的人,除了变得更加不幸外,根本不知道还有什么方式可以发泄自己的憎恨情感。

因此,只要心中对身边的人存有恨意,那么就很难轻易获得幸福,只能通过向别人夸大自己的不幸这种方式来寻找发泄的出口。不幸本身就成了憎恨感的表达方式了。

因此,通过哭诉"我真不幸啊"来治疗因恨意而受伤的心。一直哭诉"我真不幸啊"的人,就会逐渐遗忘生存的根本,只能靠着发泄恨意来维持生存。"我真不幸啊",还隐含有另外一层意思,那就是"我真不甘心啊"。

当然了,由于心存恨意而勇于说出"不甘心"的人,就不会患上抑郁症。只要以实际行动对身边的人展开攻击,让恨意发泄掉,那么也就到此为止了。

而那些无法对身边的人说出"我真不甘心啊"或者"我很恨你"的人,只能用"我真不幸啊"这样的话来代替恨意的发泄。

这就是不直接和对方发生冲突的发泄恨意的方法。如孩童般幼稚的愿望得不到满足、对爱的缺失感强烈的人,是无法和对方进行直接冲突的。

对方虽然可恨,但是他们还是会为对方着想,所以无法说出"我很恨你"之类的话来。这时候也就只能说"我真不幸啊"这样的话来。

也有的人会说"我太胖了,真不幸"。其实,说这话的人,既没有解决体重问题的意思,也不是真的就认为肥胖等同于不幸。

但是,有的人却会说出前言不搭后语的安慰话来——"其实你并不胖啊";更有的人会积极给出建议——"要不,少吃点饭?"

虽然生活环境很不错,但是有人仍然会哀叹"我真不幸啊",这是因为他心里认定了都是他人不好的缘故。将自己的不幸迁怒于他人,总想让对方为自己做点什么。

### "不幸"是心中希望被爱的呼唤

人之所以会抱怨,其实是在寻求关爱。"我很辛苦"、"我真不幸"等话语,包含着"请多关心我吧"的意思,包含着"我不喜欢不关爱我的人"的意思。

"我真不幸啊"这句话,其实就是想让对方多多关爱自己的这样一种对爱的呼唤。但是,身边的人却说"你都有了这么多这样那样的东西了"、"你不是穿着绫罗绸缎了吗,该知足了"。

==正是因为他们想让对方多多关爱自己的对爱的呼唤并没有传达到对方的缘故,他们就会变得愈发不开心,就会愈发夸大自己的不幸。==

他们就会对人生、或者对周围的世界产生报复的心理。而且,他们自己也并未意识到这种报复的情绪在不断地滋生。

有这样一句话,"既有饮水而乐者,亦有着锦而忧者"。可是为什么世上还有那么多"喝水"的人乐不起来呢?那是因为这些人一直在寻求别人的关爱的缘故。

==活在爱的环境中的人,即便是"喝水"也会觉得快乐,而缺少关爱的人,即便是身穿锦衣,也不会觉得温暖。==

大家都知道,这个社会上家财万贯但却高兴不起来的人大有人在。这些高兴不起来的人大都是小时候缺少他人关爱的人。因为得不到关爱而心生恨意,此后就一直迁怒于他人。

因此,如果只是稍微地被赋予一些快乐、舒适的环境的话,这样的人仍然不认为自己是幸福的。

对他们来说,与舒适的环境相比,更希望得到来自他人的关爱。他们之所以会一边哀叹自己的不幸、一边迁怒于他人的原因也就在此。

**获得幸福之后就不再迁怒于他人**

"辛苦""累"这样的情感,其实是寻求他人关爱正当性的根据,因此他们会一直说"我真不幸啊"。只要自己的人生是不幸的,那么寻求关爱的正当性就存在。

现在,如果因为些许小事就感觉到快乐、幸福,就认为是高兴的话,那么他们今后就无法迁怒于别人了。即便是在快乐的体验中心情变得兴奋起来,他们也不认同自己的兴奋。

对于这样的人,即便是身边的人说"你不是已经有了这么多这样那样的东西了吗",也是毫无意义的。"你不是已经有了这么多这样那样的东西了吗"这句话,只对于那些心里无恨的人才有意义,这样的人才是最想获得幸福感的人。

心里有恨的人,最想做的不是获得幸福感,而是宣泄心中的恨意,所以就想迁怒对方。想获得幸福的愿望并不是第一位的。与此相对,宣泄心中恨意的愿望却是最重要的。

无论是谁都想获得幸福,但是,要是真的感觉到自己是幸福的话,那就不能去责怪对方了。

他们通过哭诉自己的不幸来寻求关爱,因此,在潜意识里就存在对幸福感的抵触情绪。

**能够让人行动起来的最大力量就是"憎恨"**

有人会说,"你为什么看不到已经拥有的东西,而是光盯着自己没有的东西呢"。但是,对有抑郁症倾向的人来说,只要能说"我没有这个啊",那就可以去责怪对方。

只要是打定主意想通过哭诉"我很辛苦"来宣泄心底的恨意的话,那么要是真的说了"我有这个有那个"的话,那就无法去宣泄自己心底的恨意了。他们是通过将自己置于不幸的境地来医疗内心的伤痛的。

这对于那些生来就是乐天派并且在家人的关爱中长大的人来说,是很难想象的事情。

因此,正如我在其他地方所说的一样,如果其他人都表现得那么高兴的话,抑郁症患者的心理会变得阴暗起来。

身边的人的幸福与自己的不幸成了正比例关系,因此，如果身边的人遭遇到不幸的事，他们心里反而会感觉到高兴。

要想获得幸福，那就不得不消除掉憎恨的情感，但是，消除憎恨的情感又不是一件简单的事情。憎恨，就如同愤怒一样，不是一时半会儿就形成的东西，而是长年积累的结果，就如同积雪一样紧紧地和土层冻在了一起。

如果是因为社会经济的原因造成的不幸，人们往往会为了克服困难而不断努力、奋斗；但是，如果是如同心底的憎恨感那样的心理因素造成的不幸，人们往往不知道该怎么去克服。

能够让人行动起来的，既不是弗洛伊德所说的"性"，也不是阿德勒所说的"劣等感"，而是"憎恨感"。正是这种"憎恨感"的存在，催生出了诸多如孩童般的幼稚愿望。

## 本章重点摘要

　　那些感觉到活着累的人，其实是因为想得到别人的认可而勉强自己、过分努力的结果。

　　孩子如果想让父母为自己做点什么，那确实是很开心的事情，比如，得到关爱和照顾等；但是，在此之上，孩子希望做的事情就是父母能够认可自己的所作所为。

　　对孩子来说，无论得到什么，如果不能得到父母的认可的话，在他们的心情上就会表现为不满。

　　人在说一些消极想法的时候，其实是想得到他人的认可和夸奖。消极思想的源头就在于对爱的缺失感。

　　那些有抑郁症倾向或是精神病倾向较强的人，虽然并不是真的遭遇了不幸，但总是喜欢在人前哀叹自己"不幸的人生"，甚至每天都在诉说自己的"辛苦"。

　　不幸是会传染的，身边的人也会因此变得不开心。不幸的人所在的房间里的空气也会变得暗沉沉的。身边的人也会因此变得情绪低落。

　　他们口中所说的"活着真辛苦"的话，其实潜台词意味着希望要得到更多人的认可。

　　但是，他却要夸大事实说"我经历了这么悲惨的遭遇"，其本意是想通过这样的话语将沉积在心底的憎恨感发泄出去。

　　某人在夸大自身不幸的时候，几乎没有一个人会将这个与"小时候起就无人疼爱的怨恨心情"联系起来。

对于感觉到活着累的人或者有抑郁症倾向的人来说,真正感到难受的,正是得了感冒后这种"难受"的心情得不到身边人的理解。

美国精神病专家艾伦·贝克认为,并不是经历不同,而是对经历的感受不同。此言甚是,准确地说,实际上就是同样的经历所引发的情感不同。

在处理人际关系上最最重要的就是体谅对方的心情。这条铁律,即便是普通人也要遵守,即便是心理健康的人也要遵守。

与解决事情本身相比,她想诉求的其实是"我是这么的辛苦啊",实际上是希望我能够理解、体谅她的这份"痛苦的心情"。她真正的关注点则在于让我认可她的人品好。

因此,对这位女性来讲,最重要的并不是事情的解决本身,而是能够每天哀叹"辛苦"、能够向身边的人倾诉怨言的环境。

既然生活的不幸能够演变成报复,那么,这些打心理咨询热线的人从一开始也许就没有听取专家建议的意愿。

我曾经在寒冷的地方待了好长一段时间,然后进入到一个温暖的房间。这时有人问我"感觉到暖和吗",不知怎么,我竟然有些不安,无法说出"很暖和"来。

就是爱抱怨、倾诉自己不幸的人往往会迁怒于身边的人。

那些有抑郁症或精神病倾向的人之所以要执着于自己的不幸状况,是因为他们可以据此来抱怨他人从而达到宣泄恨意的目的。

当然了,由于心存恨意而勇于说出"不甘心"的人,就不会患上抑郁症。只要以实际行动对身边的人展开攻击,让恨意发泄掉,那么也就到此为止了。

正是因为他们想让对方多多关爱自己的对爱的呼唤并没有传达到对方的缘故,他们就会变得愈发不开心,就会愈发夸大自己的不幸。

在活在爱的环境中的人,即便是"喝水"也会觉得快乐,而缺少关爱的人,即便是身穿锦衣,也不会觉得温暖。

因此,正如我在其他地方所说的一样,如果其他人都表现得那么高兴的话,抑郁症患者的心理会变得阴暗起来。

憎恨,就如同愤怒一样,不是一时半会儿就形成的东西,而是长年积累的结果,就如同积雪一样紧紧地和土层冻在了一起。

# 第三章

## 要学会适时改变生活方式

一、光靠认真也是无法获得幸福的
二、彻底释放心底积存的憎恨

## 一、光靠认真也是无法获得幸福的

**学会放开胸怀做人**

感觉到活着累的人,他们也是在认认真真地生活着的,而且,他们也不会采取犯罪的方式来发泄恨意,而是把憎恨的情感强行压抑在内心的深处。

这样的人心里其实是想认真地生活的,也认同认真的、积极的生活方式。例如,抑郁症患者也会想如果能够认真、积极点儿的话那就好了。

但是他们并没有注意到在自己那颗认真的心的深处还堆积着一些东西。

经常听到有人说人生很辛苦,活着真累。但是,人生并不辛苦,活着也不累,说得更为准确一点儿,让人感觉到累的其实是压抑在心底的恨意。

他们是在认真地生活,但是却无法宣泄自己的恨意。正是因为内心的恨意得不到宣泄,才加剧了内心的紧张情绪。

==如果无法说出内心所想之事,人的精力就会逐渐消耗掉==,因此,什么都不做的人会经常感觉到疲倦的。

从外表是看不出来的,但是内心里却是发生着激烈的冲突,正是这种内心的激烈冲突,消耗掉了大量的能量。

能够将心中所想之事侃侃而谈的人,身体上虽然会有所反应,但是内心却并不感觉疲倦。

心中总是有激烈冲突的人,正如河流经常遇到阻塞一样难受。而能够将心中所想之事侃侃而谈的人,内心的河流则是非常顺畅,所以不会感觉到累。

有的人虽然心里揣着恨意,对身边的人还是要笑脸相对。这就是消耗精力的原因。精力,并不是用在生产性的工作上,而是消耗在了平息内心的冲突上。

另外,还有一个消耗精力的理由,那就是身边的人并没有注意到自己心底的恨意。如果自己心底的恨意没有被身边的人注意到的话,在心中就会产生心理紧张感,而这种紧张感就会消耗大量的能量。

### 心中怀有憎恨的人无法向他人敞开心扉

并且,因为心底有恨意的缘故,这样的人也无法做到对他人热情、体贴。而无法对他人热情、体贴,结果就是无法结交到真正的朋友。综合来说的话，就是无法对他人敞开心扉。

曾经认真、积极生活的人，现在却感觉到活着很累，已经不想做任何事了。工作也好，游玩也好，都不得劲，甚至连与人见面也都感觉到麻烦。

拿我自己来说，我小的时候做的可都是很了不起的事，但是那时候总觉得活着很痛苦，而且经常会遭到别人的批评。那时我就很不理解，为什么我做了那么多事还是得不到别人的认可和赞赏呢？

就世界范围来看，日本的年轻人对生活的满意度是最低的，但是他们感觉不满的地方，又不同于世界上其他国家的年轻人。这种不满，与现在的你所感觉到的不满是一样的，那就是虽然积极地生活着却得不到应有的理解。

**相信别人才能获得幸福**

那么，认真生活的人为什么不能获得幸福感呢？那是因为认真生活的人弄错了某些事情。他们认为只要认真、积极地生活就能获得幸福。

这如同认为只要在商场开门前在门口排队就能获得免费商品一样，自己从开门前就开始排队了，但是商品却被后来的人买走，自己就会哀叹"真不公平"。

　　抑郁症患者并没有注意到后来的人在付钱，也没有意识到因为自己没有付钱所以才拿不到商品。这个商场销售的商品就是"幸福"。

　　<u>有的人认为只要认真、积极地生活就能变得幸福，但是即便是再怎么认真、积极，即便是等到天荒地老，也是无法获得幸福的。</u>

　　光有认真、积极的态度还不够，如果不能相信别人，还是无法获得幸福；如果不能相信爱，还是无法获得幸福；如果不能与人亲近，还是无法获得幸福。生活态度再怎么认真、积极，如果不能和别人沟通、交流，还是无法获得幸福。

　　如果心底存有恨意，而且上面所说的事情都无法做到的话，还是无法获得幸福；如果不能做到与人心意相通，还是无法获得幸福。光有认真的态度并不会获得幸福。

　　对于有抑郁症倾向的人来说，最重要的就是向外界"表达自己"。有抑郁症倾向的人，并没有为了博得别人的好感而努力去表现自己对生活的感受、思考、印象等。

　　<u>能够敢于向外界表达自己的人更容易得到别人的关爱，但是"适应了社会的孩子"却坚定地认为，要想获得关爱就必须做到行为中规中矩。</u>其实，那些不特意表现自己

的孩子反而更可爱一些,因此,不特意表现自己的孩子更容易被人关爱。

这就是我们所说的质朴、纯真。换句话说,如果做不到质朴、纯真的话,无论做什么,还是无法获得幸福的。

## 二、彻底释放心底积存的憎恨

**过分压抑自己会使人感觉到累**

感觉到活着累的人,就如同被放进竹筒里的蛇一样,只能朝一个方向去生活。这是因为他们觉得别人也希望他们能够朝一个方向努力,他们想要获得他人的认可。

也就是说,他们并不是按照自己的方式生活,更多考虑的是身边人的感受。这样,他们就可能获得"好孩子"、"好人"的评价。对于感觉到活得累的人来说,生活中最重要的,就是能否获得身边人的好感和认可。

可是即便真的被人说成是"好人"了,你又能得到什么呢?你得到的难道不就是更加感觉到活得累吗?

可是你身边的人又是怎样的呢?你身边不是有那么

多靠利己主义、靠攻击别人、靠满足欲望而生存着的人吗？那些人不也是感觉到活着累的吗？不是和你一样没什么活力吗？

我并不是说要你变得和那些利己主义者一样，变得富有攻击性，而是希望你能够考虑清楚过分压抑自己的你和那些过分放任个性的他们到底有什么不同。

过分压抑自己的你，可能会被人看作是好人，可是最后却会感觉到活得累。与你不同，那些放纵个性的利己主义者却不会感觉到活着累，现在也是一如既往地横冲直撞，肆无忌惮。

当然，这样的人很快就会被其他人唾弃，被社会孤立。等到上了年纪，身边可能连一个亲近的人都没有，等待他们的大概只有寂寞、孤独的老年生活了。这就是过于反社会主流的那些人的最终归宿。

但是，过度勉强自己去适应别人的你，又得到了什么呢？热衷于获得别人的好感，其结果只能是让自己变得更加累。

**爱人容易，爱身边的人难**

而你当然明白那样做的理由是什么。我在其他地方也谈到,正是因为你寂寞,出于对爱的期盼,所以才热衷于获取他人的好感。可这样做的结果却是忽视了自己的个性,也可以说是抹杀了自己的个性。

感觉到活着累的你,好不容易得到了一个可以表现自己个性的机会时,又要装模作样地去表现。

例如,因为无法正面表达憎恨的情感,所以就通过行侠仗义的方式来宣泄恨意。如果不去伸张正义的话,就无法表现自己的愤怒,所以就只能来伸张正义了。可是为什么在主张正义的人的日常生活中却充满了欺骗呢?

在那些大喊正义的反战口号的人当中,难道就没有对别人冷淡的利己主义者吗?难道就没有丢下家人不管而去大谈所谓真理的人吗?倡导正义和真理的人,大多是在实际生活中要伤害他人的人。

他们拿出所谓的正义和真理,真正想表现的却是自己的愤怒和憎恨。拿"爱人容易,爱身边的人难"这样一句格言来说的话,就是"倡导正义不难,为他人之幸福而喜很难"。

==在那些倡导所谓的正义和真理的人当中,之所以会有人对于他人的不幸而感到平静、舒服,正是因为在他们的心底存在着憎恨的情感。==

那样的人,有无法表达自己情感的弱点,而这种弱点的本质就是如同孩童般幼稚的愿望,是这种如同孩童般幼稚的愿望无法得到满足而产生的缺失感。

### "不幸感中毒"的人

但是,在那些感觉到活着累的人当中,甚至有很多的人连自己的憎恨情感都无法表达。他们是不可能随便喊着正义的口号去参加市民运动的。

感觉到活着累的人,既无法直接表达自己的愤怒感情,也没办法将自己的恨意迁怒于别人身上,更不可能以犯罪的方式将心底的恨意宣泄在外面。

他们只会为了得到关爱而去努力,甚至勉强自己去努力,直至精力消耗殆尽。

感觉到活着累的人,在用一种完全不同的方式发泄自己的愤怒,因此,从身边的人来看,这样的人并不是那么不幸和悲惨,但是他们却在一味地夸大自己的"惨状"。

在英语当中,有这么一个词语叫做"不幸感中毒"。正如同有酒瘾的人如果不喝酒就活不了似的,这些人如果不一直夸大自己的"惨状"的话,他们也是无法活下去的。

他们要说自己是怎么怎么受到别人的白眼的,又是怎么怎么被不公平地给予沉重的负担的,又是怎么怎么被他人欺负的。只有不断地说这些话,他们才可以继续生存下去。

这是为什么呢?这是因为,"不幸感中毒"的人,对于在自己心底堆积起来的憎恨的情感毫无办法,只能通过向他人夸大自己"惨状"的方式来发泄堆积在心底的恨意,也只有这样才能继续生活下去。这就是"不幸感中毒"。感觉到活着累的人,就是患上了"不幸感中毒症"。

旁人可以看出你的日渐消瘦来,看得出你的面容憔悴来,因此,身边的人也不愿和这样的你待在一起的。

**学会坦言自己的失败**

因此,对于感觉到活着累的抑郁症患者来说,最想做的事,就是向别人诉说自己的遭遇。抑郁症患者往往会向别人诉说自己遭遇过的失败经历。他们也在寻找能够倾听自己心声的对象。

要是找不到这样的对象的话,他们也可以通过写日记等方式表达出来。他们会选择一种安全的方式表达出来,也会很坦率地将自己为了获得他人好感而委屈自己的经历说出来。

感觉到活着累的人,必须将心底堆积的全部憎恨都消除掉。只要能做到这一点，就一定能够获得幸福。这样，生命的活力也才能完全恢复。

通过原原本本将自己的失败经历讲出来的方式，如"我那时候是这么想的，但是现在想起来感觉有些后怕"、"想让你喜欢才这么做的，可是我本来是不喜欢这么做的"、"不知怎么最近对什么事都提不起精神来"等等来表现真实的自己。

对于感觉到活着累的抑郁症患者而言，最重要的就是要对迄今为止的生活方式有信心：失败的经历也不是什么耻辱，从失败的经历中吸取教训，也是获得幸福的有效方式，要勇敢地说"我就是这样生活的"。

人之所以会失败，必定是有原因的。你过去可能真是选择了一种愚蠢的生活方式，因为你是在为获得那些狡猾的人或卑鄙的人的好感而在委屈自己。

但是，你并不是因为自己真的喜欢才去选择这种愚蠢的生活方式的。你是出于迫不得已才选择了愚蠢的生活方式的。

**迈向幸福的转折点**

也许现在你会感觉到活着累。现在你明白了迄今为止的生活方式是不明智的。付出了厌倦生活的代价后，才看清自己迄今为止的人生到底是怎么样的。

你那些如同孩童般幼稚的愿望得不到满足，其责任并不在你，但是很不幸，没有人告诉你不要和那样的人交往。

==感觉到活得累的时候，也正是你要改变自己生活方式的时候；感觉到活得累的时候，也是迈向幸福转折点的时候。==

正如竹子，因为有节，所以才能越长越高。感觉活得累的时候，正是你人生旅途中的重要节点。

感觉到活得累的时候，你最想见到谁呢？要是你最想见的人在身边的话，那个人就是今后可以和你共踏人生旅途的朋友。

如果你谁也不想见的话，那就是说你到现在为止要获得好感的对象都不是你喜欢的人。大概是在你的身边没有一个真诚的人。

感觉到活得累的时候，也就是你认识自己的时候，也是认识周边人的机会，也是你认清自己人生方向的机会。

而当你勉强自己做事的时候，对自己也好，对身边的人也好，都无法做到真正认识，那也是误解人际关系的时候。

感觉到活着累的时候，也是你第一次认识到生命中应该和谁好好相处的良机。

==抑郁症患者对生活的态度过于认真、积极，也过于看==

重如此做的意义,但是,在这个过程中他们的精力却在逐渐地衰弱。

而精力旺盛的人,早晨会给花浇水,看到浇过水的花,他会自然想到美丽的清晨,然后就会情不自禁地想唱有关早晨的歌。

精力旺盛的人,看到浇过水的花草后会想象花草正津津有味地在喝水的情景。

生命力的源泉并不存在于近代合理主义的世界中。人类的生命力源泉,存在于非合理的情感之中,存在于人类还是穴居的太古时期的情感中,现在还残留在我们大脑皮层的某些部分。

这不同于近代合理主义的法则。感觉到活着累的人,应该稍微释放一下自己身上属于"穴居人"的那部分人性。患上抑郁症的人,则是过于忽视了这一部分的价值。

# 第三章　要学会适时改变生活方式

## 本章重点摘要

感觉到活着累的人,他们也是在认认真真地生活着的。

如果无法说出内心所想之事,人的精力就会逐渐消耗掉,因此,什么都不做的人会经常感觉到疲倦的。

有的人认为只要认真、积极地生活就能变得幸福,但是即便是再怎么认真、积极,即便是等到天荒地老,也是无法获得幸福的。

能够敢于向外界表达自己的人更容易得到别人的关爱,但是"适应了社会的孩子"却坚定地认为,要想获得关爱就必须做到行为中规中矩。

过分压抑自己的你,可能会被人看作是好人,可是最后却会感觉到活得累。与你不同,那些放纵个性的利己主义者却不会感觉到活着累,现在也是一如既往地横冲直撞,肆无忌惮。

在那些倡导所谓的正义和真理的人当中,之所以会有人对于他人的不幸而感到平静、舒服,正是因为在他们的心底存在着憎恨的情感。

感觉到活着累的人,就是患上了"不幸感中毒症"。

感觉到活着累的人,必须将心底堆积的全部憎恨都消除掉。只要能做到这一点,就一定能够获得幸福。这样,生命的活力也才能完全恢复。

感觉到活得累的时候,也正是你要改变自己生活方式的时候;感觉到活得累的时候,也是迈向幸福转折点的时候。

抑郁症患者对生活的态度过于认真、积极,也过于看重如此做的意义,但是,在这个过程中他们的精力却在逐渐地衰弱。

# 第四章

## 有抑郁倾向的人的情感表达

一、抑郁情感实际上是无法发泄的憎恨
二、心理阴暗的理由
三、无法充分表达自己的内心情感
四、抑郁倾向是健康心灵的"退潮"

# 一、抑郁情感实际上是无法发泄的憎恨

## 无论身处何处都无法获得轻松的心情

下面我想谈一下有抑郁倾向的人身上所具有的典型情感。

首先,他们身上表现最突出的就是抑郁的情感。那是没有外现出来的憎恨的情感。这种没有外现出来的憎恨情感在心底积累的话,那么这个人即便身处舒适的地方也无法做到心情轻松,因此,抑郁症患者无论身处何处,脸上总是一副不高兴的样子。

身处快乐的场所,却摆出一副不高兴的样子,而别人却会羡慕他,说"你现在处在这么优越的地方,大家都很羡慕你所处的环境啊",进而会说,"现在在这么好的地方,你还是摆着一副苦脸,真是傻瓜啊"。

说这样话的人,与那些感觉到活着累的人不同,不会让憎恨的情感在心底堆积。

有抑郁症倾向或感觉到活着累的人,即便是身处舒适的场所,也已经失去了用心去体味舒适感的能力。

用心体味的能力,其实就是生命力。那些感觉到活着累的人的生命力在不断衰弱。

正如前面提到的,要是有人说"你现在处在这么优越的环境中,所以应该知足"的话,有抑郁症倾向的人就会变得情绪低落,暗暗伤心道:"这世上没有人能够真正理解我的心情。"

**无法宣泄的憎恨感会使人丧失行动能力**

抑郁症患者无论做什么事都不会感觉到快乐的存在。正如此前多次说过的一样,那是因为在他们心底堆积着恨意,还有就是他们那种如孩童般幼稚的愿望无法得到满足,过于自我固执。因为过于自我固执,事情始终不能如自己想象得那样顺利进行,结果就是越来越感觉到活着累了。

对于抑郁症患者来说,最大的问题大概就是没有快乐的体验。做同样一件事,可能一般的人会感觉到很快乐,但是抑郁症患者却体会不到这种快乐。但是,因为一般人自己本身就是快乐的,所以也就无法理解抑郁症患者为什么不快乐的原因。

大概有人会有疑问,为什么抑郁症患者要如此苦恼于自己的憎恨情感呢。要是被别人打了的话,你会对打你的人心生恨意,这个大家都能理解。但是,抑郁症患者即便没有被人打,也会心生恨意,对此就不是每个人都能理解的。

但是,某个人对另外一个人心生恨意,也不光是在被那个人打的时候才有的。迫于无奈服从对方的时候,也会对那个人心存恨意。因害怕某人而迎合对方的时候,也会在心底产生恨意。

表面看来,两个人之间好像并没有发生过什么过激的暴力行为。两个人看上去相安无事,但是有时候却会在无形间形成非常大的恨意。

例如,看到父母正为心事而苦恼,孩子当然会感到不安。孩子就会去讨好父母,想摆脱不安的心情,想去满足父母对自己的期待。

为心事而烦恼的父母当然对于孩子的乖巧感到高兴,但是,在这样的亲子关系下,孩子的心中会慢慢产生出恨意来,而且,这是一种不被表现出来的恨意。原因何在呢?因为孩子在期待父母的关爱。

因为父母的心思完全在自己的心事上,无论怎样也顾不上去关爱孩子,不仅如此,还将孩子当做是解决自己心事羁绊的手段。表面看上去对父母顺从的孩子，其实内心却在逐渐受到伤害，恨意也就越来越在心底堆积起来。

找不到宣泄口的憎恨感，又会对孩子的心灵造成伤害，会让孩子逐渐失去行动力。憎恨的感情一旦在心底堆积起来，那就只能变得愈发憎恨了。但是，孩子却无法从自己憎恨的对象那里获得关爱。

在心理上，能够做到的也就只有憎恨了。因为心已经被恨意占领了，因此，抑郁症患者只能是什么都不做，静静地蹲伏在某个角落里。

那些被父母打过的孩子还算幸运。那是因为至少他们可以将恨意表现出来。当然，这样的孩子也有可能成为一个对社会有叛逆感的人；但另一方面，因为攻击性表现出来了，所以他们在心理上会变得很轻松。

**无法满足孩子撒娇愿望的父母**

从心理学的角度来看，那些有抑郁症倾向的人，就如同站在悬崖边玩跳绳游戏一样。一般的人玩跳绳游戏都会感到开心的。从表面来看，无论是抑郁症患者，还是普通的人，他们都只是在跳绳而已。

一边摇着绳子，一边跳着，从外在来看，跳绳的人很开心地在跳着,这没什么好奇怪的。但是,抑郁症患者是在掉下去就必死无疑的悬崖上,在随时都可能发生坠崖危险的情况下跳绳的。

抑郁症患者如孩童般幼稚的愿望得不到满足,那是因为他不是在一个充满爱的环境中长大的。不仅得不到别人的关爱,抑郁症患者有时还被人指东指西,被强加了很多的负担。他们实际上一直在被他人利用。

有抑郁症倾向的人,对于被强加的种种不公平的负担,却无法反抗,孤苦无助之下,更加希望得到别人的关爱。但是因为无法反抗,所以只能在心底对周边的人怀有恨意。

抑郁症患者无法将心底的恨意表达出来,这样也就无法改变任何情况。他们无法采取任何的行动。正如多次说过的那样,那是因为他们还希望从怀有恨意的对方那里得到关爱。

对于那些有抑郁症倾向的、顺从的孩子所怀有的幼稚的愿望,父母不仅不去满足他们,反而将孩子作为自己宣泄个人情感的工具。

因此,有抑郁症倾向的人就从父母开始,一直到对身边所有的人都怀有恨意,但是,他们却无法将这种恨意表达出来。如果能将这种恨意以某种形式表达出来的话,那么他们也就不会患上抑郁症了。

但是,抑郁症患者还要对身边的人摆出一副热情的面孔来。这样的话,长年累积的恨意就如同积雪一样紧紧地冻在了心底。因为心里有了恨意,那自然是无论做什么事都不会感到快乐的。

==有抑郁症倾向的人欠缺自我娱乐的能力。要想让生活变得快乐起来,那就必须打消心底的恨意。==如同积雪一样在心底冻结起来的恨意,如果无法打消的话,那么无论获得多少,都不会感到快乐的。长年在心底堆积恨意的人,只有看到别人的痛苦才会感到些许的快乐。

在美国 ABC 新闻制作的关于抑郁症患者的特别节目中,有一个接受了电磁治疗的患者。电磁治疗的结果,只是让他失去了一点点记忆而已,而那些憎恨的记忆恐怕是无法完全消除掉的,所以我想电磁治疗对于那些严重的抑郁症患者可能并不会特别有效。

**看得见的伤口和看不见的伤口**

抑郁症患者的心理,就如同站在悬崖边上跳绳一样。如果不能理解这一点,那么我们就无法理解抑郁症患者的言行举止了。

因为要是光从外表来看，很多情况下，大家都会对有抑郁症倾向的人说"你有那么多好事，怎么还不满足呢"。

==抑郁症患者总觉得自己在被不明物体威胁着，其实他们自己也不清楚为什么会变成现在这个样子。==一个重要的问题就在于，要知道抑郁症患者的问题不在于道德，而在于脑内的化学物质。这一点，在美国 ABC 新闻所做的抑郁症特别节目中也是被反复强调过的。

如果脚受伤了，大家很容易就知道了发生了什么。但是，脑内发生的变化，从外面却是看不出来的。

有时电视上会播放一些残疾人在踢足球的场景。看到这个，大家都会佩服这些残疾人，赞扬他们了不起。

但是，抑郁症患者再怎么去踢球，也不会被人称赞了不起的。眼睛再怎么好，要是负责视觉的大脑部分发生问题的话，也是无法看清东西的。听觉也是同样的道理。耳朵再怎么好，要是大脑内掌管听觉的部分发生问题了，也是听不到声音的。

表面上看来，一个人好像挺能干的，但是如果从外面看不到的大脑发生问题的话，那么实际上这个人什么也做不来。

看到抑郁症患者什么都不做，大家就会批评这些人毫无干劲。正如无论是视觉，还是听觉，都要依靠大脑一样,我们做事也是要靠大脑的。而抑郁症患者正是大脑发生了问题。

从这一点来看,可以说抑郁症患者经常受到的是不公正的批评。因为一般的人不能理解他们为什么没有干劲。

脚底受伤的人如果告诉别人"我不能走路"了,大家都知道是怎么回事。但是身体健康的抑郁症患者,再怎么说"我不能走路"了,很多人也是很难理解这其中的道理的。那是因为大家都认为走路是要靠脚的。

但是,走路靠的并不是脚,而是大脑。抑郁症患者正是脑部受了伤。脚底的伤可以看得到,但是脑部的伤却看不到。

### "如果没有父母的话,可能会活得更自在一些"

大家都会认为没有父母的孩子很可怜,但是,有抑郁症倾向的人却不这么认为,他们会说"没有父母的孩子是多么幸福啊"。

如果不能理解"在心理上被父母榨取爱"这句话,那么就无法真正理解抑郁症患者。对于抑郁症患者来说,如果没有父母的话,他们就可能会比现在活得更轻松一点。

因为父母造成了大脑受伤,一般的人可能理解不了这是怎么回事；如果没有父母的话，他们的大脑可能会保持正常的。

后面我还会谈到，正如伟大的心理学家弗洛姆所说的那样，抑郁症患者是在寻求别人的关爱。

孩子总是会想，"要是我这样做，父母就会更加爱我吧"，"要是我能忍受这个，父母就会更加疼我吧"，所以孩子就会一直在顺从父母，讨好父母。

想想一个喜欢上坏人的女孩子，就会明白了。因为想要得到对方的爱，女孩子就顺从着男方。陷入爱情深渊的女孩子，就会被这个坏男人一直利用，一直被榨取金钱。

恋爱和亲子关系是一样的。希望得到关爱的一方实际上处于弱势的地位。想到这样做父母就会夸奖自己，孩子就会经常委屈自己去迎合父母。"如果乖的话，我们就会更加疼你"，在这样的话语诱导下，孩子就去讨好父母，努力去做"父母的好孩子"。

可是在这么做的过程中，孩子的心就会被恨意弄得支离破碎了。在憎恨情感的作用下，大脑也发生了变形。经历了幼儿期、少年期、青春期，逐渐变得怪异了的大脑，已经无法恢复正常了。

==憎恨的情感无法发泄出去，久而久之，人的心理也就变得愈发封闭==。因为他们认为，"这个世界上已经没有可以

<u>理解自己的人了"</u>。

而身边的人并不明白为什么他们会变得如此自闭,也不明白他们为什么会有那么大的恨意,更不明白他们到底想要得到什么。

他们想要得到别人的关爱和理解,却陷入了自我封闭;他们想要得到爱,却在不断地累积起了恨。

## 二、心理阴暗的理由

**心理上感觉自己逐渐被周围的人疏远**

他们会说,"看到他人玩得开心,我却愈发不开心了"。在这句话中隐藏了两个重要的意思:其中之一就是排外感,他们感到他人和自己之间并没有共通性。

从这句话中,我们也能知道抑郁症患者在情感上是如何长期被身边的人拒绝的。这句话表达了他们心中的寂寞。正如弗洛姆所说的那样,抑郁症患者期待着别人的关爱。

但是,从小时候起在心理上就被别人排挤。例如,有抑郁症倾向的孩子,大多是在家庭中很优秀的孩子,因此会被其他孩子出于嫉妒而欺负。遭到欺负的孩子,就会逐渐变得习惯于一个人独处了。

没有这种被至亲之人嫉妒体验的人,是很难理解这种经历到底有多痛苦。

如果无法了解和大家一起快乐的人和看到大家在乐而自己却不开心的人的差异在哪里的话,就无法真正地理解抑郁症患者。

抑郁症患者其实是很孤单的,他们也想和大家做好朋友。但是因为从小时候起在情感上就被他人拒绝,所以无法知道和别人交往的方法。

这里所说的"拒绝"的意思,就是如果不能成为顺从对方的存在就无法被认可的意思,也包含着要成为对身边的人来说是一种心灵安慰式存在的意思。

因此,有抑郁症倾向的人在生活中总是戴着假面具的。越是得不到他人的认可,就越是会戴着厚厚的面具。面具的厚度与自信的大小是成反比的。

相信自己能够被别人认可和接受的人,不会有屈辱感。有自信的人,从小时候起就是即便把自己的内心世界展示给别人也不会遭到蔑视的人,是不会受到孤立的人,是不会被驱逐出某个小团体的人。但是,有抑郁症倾向的人却不一样。

如果真实的自己能够被人接受和认可,那么就会对身边的人产生信赖感,就会感觉到自己是被人关爱着。

因此,有抑郁症倾向的人,看到大家玩得越是开心,就越是感觉到孤独。自己就会有一种被大家排斥的落寞感。

而且,这种落寞和孤寂的感觉越来越强,甚至到了几乎无法忍受的程度,但是自己对此却无能为力。这种内心的痛苦就表现为这个人愈发变得不开心了。

他们已经不知道该如何去好好地生活了。人总是希望能够被他人接受和认可的,这也是人的基本需求,但是,在心理上,在情感上,却被他人拒绝。对于这种痛苦,他们只能以发泄不幸的方式表达出来。

### 在构建人生大厦的大好时候没能打好地基

人,生来是没有什么能力的,是父母教给我们吃饭和走路的方法。但是,比这更加重要的是,父母教给我们和朋友在一起的重要性。这样我们就逐渐学会了交流的能力。

有抑郁症倾向的人,却被本该教给自己上述知识和能力的父母孤立、排斥和欺负。小时候经历的欺负,与长大后进入公司遭遇到的欺负,两者是不同的。

在要打好人生这座大厦最重要基础的时候,这种基础却被破坏得支离破碎。在要打好地基的时候,却不能好好地去营建。

有的人,就是在还未打好人生地基的情况下开始了自己的人生之旅的。此后,无论在什么样的环境中,也会如同乘法中任何数和零相乘的结果一样,都会归零的。自己的至亲之人,既是天使,也是魔鬼。正是因为有了可以成为天使的力量,所以也有可能变成魔鬼。

对于抑郁症患者所说的"看到别人那么开心,我却越发不开心"这句话,我们十分有必要好好考虑一下。

一般来说,看到别人开心了,自己也会变得开心的。但是,抑郁症患者看到别人开心了,自己反而变得不开心了,这是为什么呢?

那是因为自己过于执着于"为什么只有我一个人是这么不开心呢"。有抑郁症倾向的人,和一般的人不同,总是认为自己的人生特别痛苦、艰难。这种不公平感在折磨着抑郁症患者。

"为什么只有我是这样的痛苦呢?"这句话充满了无限的落寞感。

### 因憎恨而苦于心智的抑郁症患者

"看到别人在开心地玩,我却越发变得不开心",这句话还有另外一层意思,那就是"心有不甘",大家都那么开心地玩着,这种情景刺激了他心中的恨意,然后就会产生"为什么只有我自己是这么难过呢"这样一种不公平感来,就会产生"为什么只有我自己是这么难过呢"这样一种恨意来。

有这样一句话,叫"欲火焚身",可以说抑郁症患者是"恨意焚身"。而对此,抑郁症患者本身并没有意识到。

### 有心无力的"精力燃尽症候群"

不光是抑郁症患者,"精力燃尽症候群"的人也是如此。他们长期做的是无聊的事情。只是靠着自己的努力而生存着。"精力燃尽"的意思就是"已经对任何事都感觉到腻烦"了。

现在已经无法忍受继续从事那些无聊透顶的工作了,已经筋疲力尽了。

"精力燃尽症候群"的人,为了从不安中逃离,只能做一些无聊的工作来维持生计,但是,现在再怎么不安,也没有力气去逃离了。

在特别寒冷的时候,人会被冻得麻木,失去知觉。与此类似,有抑郁症倾向的人或者"精力燃尽症候群"的人,在心理上处于逐渐麻痹的状态,现在已经没有能力去分辨喜怒哀乐了。

本来,无论是"精力燃尽症候群"的人,还是有抑郁症倾向的人,他们本身并没有什么做事的动力。只是一种出于得不到他人的认可而产生的不安感和恐惧感在驱使着他们去做事,因此,这种动力是不持久的,不知到什么时候他们就可能累倒了。

正是因为有对孤独的恐惧感存在,所以他们才能够忍受去做一些枯燥无味的事情,而他们之所以要去做这些枯燥无味的事情,也是因为他们知道如果不去做的话,那就可能变得更加孤独。正是有了这种不安的感觉,所以他们才能够一直努力下去。

但是,这样的努力也是有上限的。没有真正的动力来源,只是出于恐惧感才去努力的做法,迟早会筋疲力尽的。如果这种状态持续,从不安发展到脑袋出问题是迟早的事。

他们就如同缺乏粮食补给的前线部队,再怎么努力在前线奋力作战，也总有筋疲力尽的时候。人要是长期处于不安、紧张的状态下，大脑迟早会出问题。

有抑郁症倾向的人或是"精力燃尽症候群"的人，本来没有任何事情是他们自己想做的，只不过能做的也只有自己不想做的事情而已。但是，如果不去做自己不想做的事情的话，那就会有更可怕的孤独感在等着他们，会有来自周边人的蔑视的目光在等着他们。他们会有一种被"流放"的恐惧感。

被人鄙视也好，被人嫌弃也罢，被朋友疏远也是一样，都是可怕的事情，因此，在此后的日子里，还是要不断去做自己不想做的事情。

在此后的日子里，在不断做自己不想做的事情的时候，从紧张不安发展到大脑受损，这也是很自然的事情。

==在有抑郁症倾向的人或者是精力燃尽症候群的人的周边，经常会有很多狡猾的人。==

有抑郁症倾向的人或者是精力燃尽症候群的人，如果身边的人露出不愉快的神情，他们就会心生害怕，再怎么讨厌的事情，自己也会如同被用鞭子抽打着疲倦的身体一样，强打起精神来去完成。

他们生活在别人的责备声中，因此，当他们长大成人后，即便是没有人再责备他们了，他们还是会有一直被人责备的感觉。

我把这种心理状态称作是"被责备妄想症"。

**大脑新皮质和扁桃核之间的神经线路受损**

爱荷华大学医学部的安东尼奥·达马西奥曾经对抑郁症患者到底受何种影响作了一项调查。① 《EQ——心的智能指数》的作者丹尼尔·戈尔曼认为,一旦大脑新皮质与扁桃核分割开,那么无论看到什么在情感上也不会为之所动。对于所有的事情,也就无所谓喜欢与否了。

有抑郁症倾向的人,在长期的紧张不安中,这种大脑新皮质与扁桃核之间的神经线路受到了损伤。

之所以这么说,是因为大脑新皮质和扁桃核只有连接起来,才能发挥各自的功能。只有大脑新皮质和扁桃核一起发挥作用,人也才可以第一次知道自己喜欢什么,也可以体验到快乐的情感。

另外,喜欢与否,快乐与否,在这样经常性的情感的体验过程中,扁桃核的活动也会变得更加活跃。

有抑郁症倾向的人,多是长期做了过多的自己不喜欢

---

① Daniel Goleman, *Emotional Intelligence*, Bantam Books, 1995, P. 29.

的事情。在这样长期的紧张不安中,扁桃核的功能就会变得低下,神经线路也会出现问题。

**小时候生活在容易让人焦虑和紧张的环境中**

详细的解释准备在另外一本书中再进行,但是正如美国精神病专家艾伦·贝克所说的,抑郁症患者从小时候起就生活在紧张不安的环境中。

即便是动物,如果周边环境恶化的话,它们也会变得没有精神。没有精神的小龙虾,如果转移到了干净的环境中,也会逐渐变得精神起来。

树木也是一样,环境改变了,树叶就会落下。我曾经从波士顿的郊区搬到了市内。那时候,我买了一株盆栽植物放在房间内,可是不久发现叶子掉了许多,我就前往购买盆栽的商店去问原因,店主告诉我,"因为环境改变了,所以叶子才会掉"。我听了后,又一次感受到树木也是有生命的。

我特意照顾了它一段时间后,落叶的数量明显变少了,但是,我因为有别的事情又搬回了郊区。这样就没有必要在室内放置绿色植物了,我就将它从盆中挖出来种在室外。

等我外出一段时间回来再看它,它已经枯萎了。

## 三、无法充分表达自己的内心情感

**缺失自我才会求助于人**

有抑郁症倾向的人,爱恋和愤怒这两种感情同时存在着,而在愤怒或憎恨的情感无法处理的情况下,在情感上就会陷入四处受堵的窘境。这样的人,对于自己到底是怀着什么样的情感,愈发变得不得而知了。

因为如孩童般幼稚的愿望得不到满足,所以他们才会对身边的人产生依恋的情愫,对于与身边的人的离别也会感到紧张不安。更糟糕的是,还会产生憎恨的情感。

这种一筹莫展的心理状态可以用下面的一段话来表述——"好像有一堵墙挡在面前一样,又好像有贼风吹进了心里,突然心里感觉空洞洞的",如同宿醉[①]一样不爽。

---

[①] 斋藤茂太著:《躁与郁》,中公新书,1980年版,第76页。本书第64页、第66页、第67页中"看到别人在开心地玩,我却越发变得不开心",第74、75页的"悲伤""一切都不行",第74、75页的"被打垮""感觉不爽,心情郁闷",第76页"心情总是阴沉沉的感觉"。

总之，这是一种逐渐迷失了自我的状态。自己内在的统一性逐渐失去，自己对自己也愈发变得无法了解，无法感觉到自我的存在了。

如果缺失了自我的人生目标，只是被身边的人摆布的话，那么就会逐渐迷失自己。如孩童般幼稚的愿望无法得到满足，自己又会感到连续受伤，心中就产生了连自己都不知道原因的恨意。

在憎恨的基础上，又进一步产生了没能好好享受人生的悔意、虚无和孤独感。这是一种只是为他人而活着的无奈。

如果没有自己的人生目标的话，即便身边的人没有故意去摆布你，那么你也会成为被摆布的对象的。如果这时候你的身边正好出现了一个心地狡猾的、想要利用你的人的话，那么你就很容易成为被利用的对象。

### "抑郁时候的静坐"只是一种情感表达方式

因憎恨的情感无法发泄而产生的不爽逐渐积累起来，达到一定程度后就会变成抑郁。那是一种毫无办法的抑郁的情感。抑郁，实际上是对爱的呼唤，但同时也是一种无法表达出来的憎恨的情感。

## 第四章 有抑郁倾向的人的情感表达

为抑郁情感而苦恼的人，无法让自己开心起来的原因也就在此。一边在呼唤爱，一边却无法抛弃心中的恨意。抑郁可以说是抑郁症患者的一个情感特征。

变得抑郁起来的人，其实其内心是充满了对爱的渴盼。他们希望有人能同情他们的遭遇。

人们多半会出于善意而对变得忧郁起来的人进行鼓励，例如对他们说，"今天天气很好，去散散步怎么样"。

但是，对于那些抑郁地只是坐着的人来说，他们渴盼的是他人的关爱，而不是去做体育运动，弄得自己汗流浃背。体育运动通常会使普通的人感觉到舒服、畅快。这是因为他们的心中没有恨意的缘故。

有抑郁症倾向的人，想要获得的是能够有人理解他们那种"为什么只有我是这么不幸"的痛苦心情。

那些抑郁地一直坐着的人，并不是因为喜欢才一直坐着的，而是因为毫无办法所以才一直坐着的。他们想要动起来，但是已经力不从心了。

对于有抑郁症倾向的人来说，抑郁地一直坐着，可能是最能感觉到快乐的事情了。这是因为在变得抑郁之后，最容易表达情感的方式就是一直坐着了。

有抑郁倾向的人，是无法自由表达个人情感的。就一直坐着，摆出一副抑郁的表情，这就是抑郁症患者表达情感的方式。

通过一直坐着这种方式,实际上是在呼唤能够有人来理解他们心中的苦楚;一直坐着,就是表达心底恨意的方式,因此,对有抑郁症倾向的人来说,一直坐着本身就是有意义的事情。

心理健康的人,并不认为一直坐着的人是在想通过这种方式在表达什么,因此,他们往往会想:"他们为什么要一直坐着呢?"

另外,一般的人往往会这样鼓励有抑郁倾向的人:"外面天气很好,要不出去散散步?"面对这种理解上的差异,有抑郁症倾向的人就会认为没有人能够理解自己现在的心情,从而更加习惯于将自己关在房间里。

## "鼓励"的反作用

光靠在外面散步,是无法宣泄心底的恨意的。有抑郁症倾向的人感到最无奈的事,就是他们不知道该如何去宣泄自己心底的恨意。他们能够做的就只是摆着一副抑郁的神情,一直坐在那里。

一般的人为鼓励有抑郁症倾向的人而说的话或做的事,有时候反而会增加抑郁症患者的心理负担。与鼓励者的初衷相反，有时候本来想要鼓舞抑郁症患者的言行，反而会使他们变得更加抑郁。

这是因为这些言行实际都是建议抑郁症患者放弃一直坐着的情感表达方式，因此，"请打起精神来"这样的建议只能收到相反的效果。

有抑郁症的人，他们并不想听到具体的可以让心情放松的建议，而是希望有人能够聆听他们充满无奈的心声，希望有人能够理解他们无法忍受现状的心情。

经常听到这样的建议，一定不能去鼓励那些逃学的孩子。这句话很有道理，但是为什么不能去鼓励的理由，却没有说清楚。

最重要的是，能够理解那个人所怀有的遗憾、悔恨和憎恨的心情。他们期盼着别人的关爱，可是却无法得到，因此往往会心生恨意。

例如，对于逃学的孩子来说，我们就有必要去思考一下，这个孩子到底想通过逃学在表达什么意愿呢。如果不去做这种思考的话，而只是对他们说"完全没有必要去上学"或者"建议将逃学的孩子集中起来另外授课"之类的话，那是毫无道理的做法。毕竟总的来说，孩子还是去上学的好。

## "攻击性"的反噬

作为抑郁症患者的情感,除了抑郁之外,经常被提到的还有"悲伤"。之所以他们会感到"悲伤",那是因为本该对外的"攻击性"转向对准了自己的缘故。

还有一点,那就是他们认为"一切都不行"的这样一种思考方式。这种思考方式表达的就是连生存的力气都没有的意思,表达的是生命力在逐渐衰落的意思。

但这并不意味着他们无法去做一些特定的、具体的事情,而是说他们连生存这件事本身都无法做到了。

得了抑郁症的人,他的生命就会进入一种逐渐干枯的状态。

另外,作为抑郁症患者的感情之一,经常被提到的还有"被打垮"的心情。

这是因为他们无法自由表达自身情感的缘故。因为没有情感的发泄途径,所以才会有这样的感觉。

在无法自由发泄而积累起来的情感的作用下,他们已经逐渐无法控制自我了。

### 爱恨两种情感并存

抑郁症患者有时也说,"感觉不爽,心情郁闷"。

这是因为他们还有着如孩童般幼稚的愿望。也就是说,他们想要别人去满足自己这种幼稚的愿望,所以才会去纠缠着别人,黏着别人。

而从被纠缠的一方来看,大概会认为抑郁症患者是很固执、很烦人的吧。

有抑郁症倾向的人,总是要纠缠着什么事。正如马上要淹死的人要死死抱住救生圈一样,有抑郁症倾向的人,在心理上遇到溺水的情况时也要紧紧地抱住某样东西。

对于有抑郁症倾向的人来说,别人再怎么劝他去放松自己,他也是做不到的,正如你对正在水里挣扎的人说"别抱着救生圈了"的效果一样。

这样的做法其实是想让他们明白现在还没到了要溺死的状况。后面对此我还会继续解释的,这其实也是在教给他们如何去发泄心中的恨意。

恨意一旦得到发泄,那么就如台风吹过一样,万事皆晴。但是,抑郁症患者却始终无法做到自由地发泄情感。即便是他们想要发泄情感,可是情感本身却又是矛盾的。

这是因为在他们的心中,不安以及对对方的爱意和怒意是同时存在着的。

也就是说,抑郁症患者的"心情总是阴沉沉的感觉"。

因为复杂的情感并存,自己又无法处理自己的情感,所以才会有这样的感觉。时间一长,在源于内心的纠结而产生的紧张感作用下,他们就会逐渐感觉到活着很累。

**没有目标的内心是空虚的**

此外,作为抑郁症患者的情感之一还有经常被提到的一个特点,就是"无法振作起来"。

这是因为自己缺乏人生目标,只是被周围的人呼来唤去的缘故。如果有了明确的人生目标并且为之努力,那么即便是失败了,也不会有"无法振作起来"的感觉的;即便是失败了,也会有一种享受过自己人生的满足感。

社会上有一些成功人士,到了某个年龄段,就会患上抑郁症。无论是作为演员而获得事业上的成功,还是作为主持人成为名人,但恐怕这些都不是他们自己设定的人生目标吧。这样的人,虽然在社会上获得了成功,但是在他们的内心深处,一定隐藏着深深的绝望感。

想在社会上获得成功、成为名人,也是因为他们期望获得爱。因为想要成为名人，所以一旦成名了，内心也是莫大的欢喜的。但是，这个人本来想做的工作，比方说根本就不是主持人什么的，因此，到了某个年龄段后，就会患上抑郁症。

如果真是喜欢主持工作的话，即便没有在电视上抛头露面，也会找到自己喜欢的工作的。但是，如果对于主持的工作本身并不喜欢，而是以通过电视成为名主持为目的的话，那么在电视台的工作结束之后，就会感觉到心里空虚得很。

如果长期生活在自我人生目标缺失的状态下，人心就会变得空虚起来。无论是成为医生，还是当上部长，这些都不是自己的人生目标。只是出于迎合身边人的某种期待才去做的罢了，并不是出于自己本身的意愿。

有抑郁症倾向的人，长期以来一直在努力着，在坚持着，但是某天突然回过头来看的话，却发现自己的内心世界是一片空虚，没有任何的成就感、满足感和集体荣誉感。可以说抑郁症患者本身就是空虚的。

无论外表有多光鲜亮丽，真正能够表示抑郁症患者内心世界的，正如弗洛姆所说的那样，就是"充满了空虚和憎恨"。

如果真正有了自己的人生目标的话，那么无论结果成功与否,这个人都不会患上抑郁症。这个人获得的将是努力之后的内心满足感。这样和身边人的沟通也就不会成为问题。

**雪上加霜**

对于感觉到活着累的人来说,再怎么去改变自己,再怎么努力去做一件全新的事情,也仍然会苦恼于和以前一样的无聊感。感觉到活着累的人已经对万事万物都失去了兴趣。

实际上,自己做过的那些事情并不是出于个人喜欢的,而是为了得到别人的夸奖才有动力去做的。

感觉到活着累的人,对于现在精力在逐渐衰退会感到很不安,对于很多事情都会感到很着急。可是为什么自己都那么累了、在心理上还要如此着急和不安呢?

理由有两个,一个就是因为自己没有得到满足,虽然已经心神俱疲了,但仍然会惴惴不安,就是因为很长时间内无法实现自我的缘故;另一个原因就是因为在心底无意识的领域中存在着憎恨的情感。

## 四、抑郁倾向是健康心灵的"退潮"

**对他人缺乏包容心**

有抑郁症倾向的人还会为罪责感而感到苦恼。

"抑郁症患者,在抑郁症这种放大并歪曲事实的显微镜下,看得出自己的存在相对于他们的本分来说,是应该感觉到耻辱的。"①

这一点正是区分可以实现自我的人与抑郁症患者最具决定性的差异。美国自我实现研究学者马斯洛认为,能够实现自我的人,就是能够自然地接受现实并实现自我价值的人。

"自己"这样的一种存在,在实践中体验的结果就是"在存在和本分之间存在着如同深渊一样的隔阂"。本分和存在之间产生的紧张心理,就随着"抑郁症这种生命大

---

① 《弗兰克著作集 4 · 神经症Ⅰ》,宫本忠熊、小田晋译,misuzu 书房,1961年版,第 24 页。

河的退潮而逐渐显现出来"①。

抑郁症才是原因所在,而存在和本分之间的紧张心理并不是产生抑郁症的原因。倡导实存分析理论的奥地利学者弗兰克认为,在退潮的背景下,即便是暗礁涌现,暗礁也并非是产生退潮的原因。

抑郁症,其实就是生命大河的退潮。随着退潮的发展,露出水面的暗礁也就越来越大。

对于生命力旺盛的人来说,可以说这样的存在和本分之间的暗礁是完全不会出现的,但是却不能因为不会出现暗礁,就说这个人没有良知。

比起深受存在和本分的暗礁之苦的抑郁症患者来,他们还会去关心别人,而抑郁症患者为了应付内心的纠结已经是用尽全力了,因此没有余力去关心他人了。

相比之下,生命力旺盛的人,在生活中其心里是怀着对他人的关心的:对于他人心中的痛苦,并不是毫不关心的;生命力旺盛的人,与过于纠结于自我的抑郁症患者相比,在心理上更加接近于"无我"的状态,他们更容易为他人着想。

而且这些行为并不是出于义务感,而是出于对他人的

---

① 同上书,第24、25页。

关爱。他们不必为"应有的自我"和"现实的自我"的背离而感到苦恼,而且他们可以很好地做到与他人沟通,和他人一起快乐地生活下去。

抑郁症本身,作为"某种身体上的病状,用生命力衰弱这一特征来定义它可能更为贴切吧"①。

"从生命力衰落的机体里产生的不过是模糊的感情缺失,而被这种病情造访的那个人,就如同腹部中箭的猛兽一样,不仅仅是拔腿逃跑,而且在心里会把这种感情的缺失看作是对自己的良心、自己信仰的神灵的一种罪过。"②

### "打起精神来"反而成了泄气的话语

如果不能理解抑郁症是生命力衰落的表现的话,那么在与抑郁症患者打交道时就可能采取了错误的方式。例如,正常的人与有抑郁症倾向的人打交道时,可能就会直接说"请你打起精神来"。

但是对于为罪责感而苦恼、生命力衰落的人来说,这样的话听起来是非常刺耳的,这会让他们更加失去对生活

---

① 《弗兰克伦著作集 4·神经症Ⅰ》,宫本忠熊、小田晋译,misuzu 书房,1961 年版,第 25 页。
② 同上书,第 33 页。

的勇气和信心。因为有抑郁症倾向的人的生命力在不断衰弱,因此如果别人对他们有所要求的话,那是很难接受的事情。

在过去的几十年里,在"不得不打起精神来"这样一种义务感的作用下,他们一直都是装作很有活力的样子。而这样的做作实际上早已超过了界限。

对于这种假装精力充沛的生活方式,他们其实早就感到厌倦了。自己的精力已经消耗殆尽了,生存的能量已经变得枯竭了。

这时如果身边的人还是对他们说"请打起精神来"的话,那么他们就会更加失去生命的活力,最后愈发想以死来解脱,也就成了理所当然的事情。

**生命力旺盛之人的生活方式,价值观,甚至一言一行,对于生命力衰弱的人而言,都是一种刺激。**

生命力旺盛的人,有时经常会做一些如同在生命力衰落的人的心灵伤口上撒盐一样的事情。撒了盐,如果伤口能够长好,那还好,而实际上却是进一步使伤口恶化,不仅没有什么治疗的效果,反而使得伤势更加恶化。

前面谈到关于憎恨的情感时提到了,即便是身边的人对有抑郁症倾向的人说"你不是已经有了这么多的东西吗,应该知足了吧",对他们也是毫无作用的。

同理，和那些心存恨意的人一样，生命力衰落的人也是如此，那样的话语对他们来说是毫无意义的。

对于生命力衰落的人而言，"你不是有了这么多的东西了吗，应该知足了吧"这样的话，是毫无意义的。对于生命力旺盛的人来说，这句话可能意味着在经济条件非常富裕的生存环境，而对于生命力衰弱的人来说，这样的话并不意味着经济上的富裕环境。

生命力旺盛的人，即便经济上处于贫困的境地，也会感觉到幸福；而生命力衰弱的人，即便是经济上处于富裕的境地，仍然感觉不到幸福的存在。

卓别林在电影中曾说过这样一句台词："只要有行动力和想象力，再稍微有点钱就足够了。"生命力旺盛的人，就是有行动力和想象力的人。有了这两样，再稍微有一点点钱，就能够生活得很好。

但是，对于长年生活在紧张不安中的生命力衰弱的人来说，别人再怎么说"你不是有住的房子了吗，不是有家庭了吗"，这些也不过是徒增内心的负担罢了。

**连求生的气力都没有**

生命力逐渐衰弱的人，在心里堆积了太多的悲伤和苦恼。

长年忍受着孤独、不安、窒息等紧张的心情，内心的疲劳感也会逐渐达到顶峰。长年生活在焦虑和紧张当中，他们感知幸福的能力早已经麻痹。现在他们对于别人的任何话语都不会为之所动，就如同位于长长的隧道的那头儿，看不到任何的光亮。

　　生命力旺盛的人，在晴天出去散散步，就会感觉到精神舒畅，但是，对于生命力衰弱的人来说，他人的"出去散散步如何"的建议，却是很不通情理的。对于生命力衰弱的人来说，出去散步本身就是很辛苦的事情，而且他们也失去了感受心情舒畅的这种能力。

　　关于抑郁症患者不爱做事情的原因，已经有了各种各样的解释。例如，有人认为是因为他们对万事万物都持悲观心理，也有人认为是因为他们对万事万物都持否定态度。

　　正是因为抑郁症患者对于将来是持悲观态度的，所以现在的他们才什么都不想做；正是因为抑郁症患者将自身具有的条件都看做是负面的，所以现在的他们才什么都不想干。

　　这些解释也只是部分地解释了原因。==抑郁症患者现在什么都不做的根本原因，则在于他们的生命力在逐渐地衰弱==。

如果任凭生命力衰弱的话,那么他们的生命很快就会走到尽头。这时,生命力旺盛的人就会想办法延续生命,摆脱现在的不利处境。

但是,生命力衰弱的人却无法逃脱。他们已经没有了逃脱的力气了。正因为没有力气去逃脱,所以只能选择等死。与其说他们选择了等死,还不如说他们已经没有了选择的气力,死神自然会前来光顾。

他们的生命力在逐渐衰弱,其意义就接近于"已经活够了"。当然如果可能的话,他们还是希望能够活下去,只是如果没有人来帮助的话,他们自己是无法活下去的。

**好好想一想为什么会感觉到活着累**

为什么生命力会衰弱到如此程度呢?那是因为他们的生命中承载了过重的精神负担的缘故。

大家都能理解来自战争的压力,即便没有亲身经历过,也没有人会说不知道战场上的那种压力是非常大的。大家能够理解在粮食困难时期的那种痛苦,也能够理解在寒冷时节无棉衣御寒的那种惨况。

长时期没有东西可吃,在饥寒交迫中生命力会逐渐变得衰弱,这是基本的常识。

但是，对于在违背本性的状况下来自生活的压力，却几乎没有人能够理解。比如，如果有条蛇，从出生起就被放进了笔直的竹筒中，长大后，蛇会变得怎么样呢？蛇的生命力大概只会变得越来越衰弱了。

无食物可吃，是很苦，有压力；但是如果否定了本性的话，那更是一种更难以承受的压力；而当没有办法应对这种压力的时候，人的大脑就开始发生变化。

正如原来的文章注释里所写的那样，在丹尼尔·戈尔曼的《情感智能》一书中，有这么一句话①："如果长期扭曲本性而生活的话，那么生命力衰弱也是理所当然的事情。"

感觉到活着累的人，是因为现实生活的具体困难而感觉到累了呢，还是因为否定了本性而感觉到累了呢，或是因为无法接受现实、努力过度而感觉到累了呢？现在是应该好好想想这个问题的时候了。

如果是因为无法接受现实而努力过度的话，那么就是到了应该好好反省一下为什么会感觉到活着累的时候了。这样你就能发现自己的极限所在。

如果是自己的本性被周围环境否定而感觉到活着累

---

① Your life in danger and there is nothing you can change to escape it—that is the moment the brain change begins. p. 204.

的话,那么要想恢复到正常状态就需要相当的一段时间。进而,即便期待身边的人能够理解自己,也有可能很难做得到。

或者说,到现在为止在人生旅途中所经历过的所有事情当中,没有一件是自己想做的。如果是这样的话,现在也应该好好地反思一下。

"为什么倒霉的总是我呢?"

==《伊索寓言》的很多故事,能让我们看到人类有时候其实是很蠢的。==

有一只兔子,总是想得到大家的认可,但是连今天做什么好都不知道的兔子,在猴子和狐狸的引诱下,和猴子、狐狸一起前往某地玩。途中,兔子也会因为和猴子、狐狸获得了同样的快乐而感到开心。

但是,到了道路分为两条小路的地点,猴子说:"这边有我最喜欢的果林,因此从现在开始我要走这边的道路。"说完就先行离开了。而兔子,对于这一突发的事情却无所适从,不知道该怎么办才好,但是想到自己身边不是还有狐狸在呢,就感到稍微安心了。

过了一会儿,天要黑了。狐狸对兔子说:"你要到什么地方去呢？我打算在这片草原上稍微休息一会儿。过会儿有朋友要来，我要和朋友一起去长有好吃的草的地方去。"

兔子呢，又一次为突然发生的事情感到不知所措了，因为刚开始时自己选择走这条路，是因为有猴子和狐狸一起。太阳越来越迫近西山了，四周开始变得漆黑一片。

在荒凉的草原上，兔子对着星星哭诉道："为什么我总碰上这么倒霉的事情呢。"

朋友去上大学了，自己也想去，然后就去了。父母建议说要到大公司工作，然后自己就觉得对。大家都说偏差值高的大学才好，自己就觉得的确是这样，然后就去努力考这样的大学。

但是等上了年纪之后，有一天突然发现身边没有一个人会告诉自己方向在哪里。感觉到活着累的你，这时候甚至不知道该做点什么才好。

在感觉到活着累的时候，就应该首先意识到这一点。从名牌大学毕业，会感觉到很自豪；或是进入了大公司工作而感到很安心，可是自己到底想做什么呢？

对于"为什么我总碰到这么倒霉的事情"这一问题的答案，就在于自己从来没有思考过自己要如何生活的问题。

==如果光是想着如何去获得他人的认可的话,那么就会迷失了自己的人生方向。==

对于那只兔子来说,不妨今天暂且好好睡一觉,等明天早上醒来之后再考虑去哪儿也不迟。

## 本章重点摘要

抑郁症患者无论做什么事都不会感觉到快乐的存在。

找不到宣泄口的憎恨感,又会对孩子的心灵造成伤害,会让孩子逐渐失去行动力。

从心理学的角度来看,那些有抑郁症倾向的人,就如同站在悬崖边玩跳绳游戏一样。

有抑郁症倾向的人欠缺自我娱乐的能力。要想让生活变得快乐起来,那就必须打消心底的恨意。

抑郁症患者总觉得自己在被不明物体威胁着,其实他们自己也不清楚为什么会变成现在这个样子。

大家都会认为没有父母的孩子很可怜,但是,有抑郁症倾向的人却不这么认为,他们会说"没有父母的孩子是多么幸福啊"。

憎恨的情感无法发泄出去,久而久之,人的心理也就变得愈发封闭。因为他们认为,"这个世界上已经没有可以理解自己的人了"。

因此,有抑郁症倾向的人在生活中总是戴着假面具的。越是得不到他人的认可,就越是会戴着厚厚的面具。面具的厚度与自信的大小是成反比的。

人,生来是没有什么能力的,是父母教给我们吃饭和走路的方法。但是,比这更加重要的是,父母教给我们和朋友在一起的重要性。这样我们就逐渐学会了交流的能力。

可以说抑郁症患者是"恨意焚身"。而对此,抑郁症患者本身并没有意识到。

"精力燃尽"的意思就是"已经对任何事都感觉到腻烦"了。

在有抑郁症倾向的人或者是精力燃尽症候群的人的周边,经常会有很多狡猾的人。

一旦大脑新皮质与扁桃核分割开,那么无论看到什么在情感上也不会为之所动。对于所有的事情,也就无所谓喜欢与否了。

有抑郁症倾向的人,爱恋和愤怒这两种感情同时存在着,而在愤怒或憎恨的情感无法处理的情况下,在情感上就会陷入四处受堵的窘境。

如果缺失了自我的人生目标,只是被身边的人摆布的话,那么就会逐渐迷失自己。

一边在呼唤爱,一边却无法抛弃心中的恨意。抑郁可以说是抑郁症患者的一个情感的特征。

有抑郁倾向的人,是无法自由表达个人情感的。就一直坐着,摆出一副抑郁的表情,这就是抑郁症患者表达情感的方式。

作为抑郁症患者的情感,除了抑郁之外,经常被提到的还有"悲伤"。

有抑郁症倾向的人,总是要纠缠着什么事。

社会上有一些成功人士,到了某个年龄段,就会患上抑郁症。

如果真正有了自己的人生目标的话,那么无论结果成功与否,这个人都不会患上抑郁症。

感觉到活着累的人,对于现在精力在逐渐衰退会感到很不安,对于很多事情都会感到很着急。

抑郁症,其实就是生命大河的退潮。随着退潮的发展,露出水面的暗礁也就越来越大。

如果不能理解抑郁症是生命力衰落的表现的话,那么在与抑郁症患者打交道时就可能采取了错误的方式。

生命力旺盛之人的生活方式,价值观,甚至一言一行,对于生命力衰弱的人而言,都是一种刺激。

生命力逐渐衰弱的人,在心里堆积了太多的悲伤和苦恼。

抑郁症患者现在什么都不做的根本原因,则在于他们的生命力在逐渐地衰弱。

"如果长期扭曲本性而生活的话,那么生命力衰弱也是理所当然的事情。"

《伊索寓言》的很多故事,能让我们看到人类有时候其实是很蠢的。

如果光是想着如何去获得他人的认可的话,那么就会迷失了自己的人生方向。

# 第五章

## 给自己放个长假

---

一、要善待自己的精神和肉体

二、远离轻视自己的人

三、"现在"只是成长道路上的一个驿站

# 一、要善待自己的精神和肉体

**抑郁症患者的大脑已经老化**

不管原因何在,有抑郁症倾向的人,无论年龄大小,都会感觉到活着累。虽然有人经常会对他们说:"你这么年轻,应该打起精神来",但是抑郁症患者的大脑已经不年轻了。肉体上虽然还年轻,但是已经没有活力了。

肉体上虽然还很年轻,但是生命力已经开始衰弱。而生命力如果衰弱的话,肉体上再怎么年轻,也是没有意义的。

美国的 ABC 早间新闻里曾经播出的抑郁症患者专题节目中有这样一句台词,我一直记得。那句话是解说词里的——"简单地说,抑郁症患者的脑跟老年人是一样的。"具体说来,那就是说他们的脑空间都很大。

回到日本后,我专门请教了脑科学的权威专家久保田竞博士。他也赞同这种说法,虽然不能说百分之百正确,但是对我来说已经是无法忘记的话语了。

有抑郁症倾向的人,在很长的时间内都强忍着悲伤,强忍着情绪上的痛苦,在激烈的紧张和不安中挣扎着生存着。总要为别人去做事,还要忍受着如奴隶般被利用的遭遇,有时甚至会被坏人利用。这样,他们的大脑就逐渐被磨损了。

不管肉体的年龄如何,在不知不觉间,在过多苦恼的压力下,大脑却开始逐渐老化了。但是,大脑的老化从外表是看不出来的。而他身边的人仍然一如既往地对他提出各种过分的要求。

我们不会要求一个老年人能够快点跑,但是,我们却会对大脑老化的人说"快点跑"。而当他们跑不起来的时候,我们还可能抱有疑问——"你为什么跑不起来呢?"

如果看到小孩在机动车道上走,大家就会喊"危险"!但是,如果是一个大脑还处于孩童时期的大人在机动车道上走的话,大家就会骂"混蛋,找死啊"。

**连三分钟的收拾工作都做不好**

感觉到活着累的人,还是暂且休息一下好。感觉到活着累的人,已经心身俱疲了,甚至已经筋疲力尽了。

感觉到活着累的状态,就是一边意识到还有工作没做完,一边又无法去努力完成的状态。心里虽然想把每一项工作都做好,但是却怎么样也做不完,因此会感觉到活着很累。

就一般而言,完成一项简单的工作是很开心的事情,但是如果感觉到活着累的话,那么就连这么一项简单的工作都无法做好。

如果连一件小事都做不好的话,那么本人就会愈发变得情绪低落。如果真的有心去做的话,只要动动手,三分钟就可以完成,但是如果感觉到活着很累的话,那么就连这点小事都做不好。虽然自己意识到了有工作要做,但是也只会坐着一动不动,什么也不做。

读读报纸,看看电视等等,一般的人都会被吸引到可以让自己开心的事情上。但是如果更加疲劳的话,那么就连读报纸的心情都没有了,也没有心情去看电视了。就连必须要拆开来看的信,也没心情去打开看了。虽然这不过是动动手打开信封就完事的事情,但是自己就是不想去做。这些就是感觉到活着累的真实状态。

**不管怎样先好好休息再说**

感觉到活着累的人,能够活到今天,确实也是付出了很多。如果不是努力过头的话,那么他们也就不会感觉到活着累了。

==感觉到活着累的人，现在应该好好休息一下，让自己的身心都彻底地放松一下。要好好慰劳一下自己的身心。现在就应该善待自己，不再去委屈自己。==

或许有人会在意，如果现在我休息了会不会给别人造成麻烦呢。你现在可以休息了。等到身心都恢复正常状态了以后，再好好努力也不迟。

现在你已经没有必要像以前那样那么努力了，也没有必要担心别人可能会对自己的负面评价，也没有必要去讨好周边的人了。现在就应该静静地休息一下，就应该好好享受一下久违的悠闲日子。

对于你现在安静的休息，如果有人持有蔑视态度的话，那么这个人就是在你以前努力奋斗的时候，从你那里榨取好处、利用过你的人。

为了自己，即便是现在和那样的人断绝关系，也是一个不错的选择。只要你还像以前那样继续努力的话，那些人就还会继续利用你，从你身上榨取好处。你变得越来越累，而那个人却变得越发精神，越发富裕。

## 二、远离轻视自己的人

**要摆脱悲惨的人际关系的牢狱**

感觉到活着累的人,现在是时候应该好好梳理一下自己的人际关系了。现在应该与那些对于感觉到活着累的你正在休息的事情感到着急的人划清界限了。

稍微休息一下,你就能够明白自己现在的人际关系是怎样的了。谁是诚实的,谁是不诚实的,都可以看得清了。谁想利用你而来奉承你,也都可以明白了。

感到疲倦了就休息一下,这对于你的人际关系来说,是非常好的事情。如果感到累了却不休息的话,那么对于你身边的人,谁是诚实的,谁是狡猾的人,你永远都弄不清楚。

实际上如果你能够利用休息的机会与那些一直在利用你、从你身上榨取好处的人划清界限的话,那么你就能重新获得自信。

感觉到活着累的你,现在就困扰在眼前这种悲惨的人际关系网中。现在就是从这种牢笼中逃脱出来的绝佳机会。

有一个感觉到活着累的人，在人际关系改变之后对我说："自从和那些人分开后，我开始感觉到自己一天天变得有自信了。"

据了解，现在已经变得充满活力的那个人，在刚开始与那些坏人划清界限的时候，还担心这样做会不会引发一些不好的事情呢。

美国有本书叫《逃脱亲情》①。作者在书中写道，人一旦从被利用的人际关系网中逃离，就会因担心而变得精神紧张，戒备心也会变得非常强。

不可思议的是，不管是多么于己无益的事情，一旦长期去做了，在心理上自己就会认为是理所当然的事。而且如果不去做的话，自己反而会觉得心里空荡荡的。

该书的作者认为，即便有人对抑郁症患者说"快点离开那些利用你的人"，这种建议对他们也是没有任何效果的。长期被人利用，只有继续被人利用，他们才会感觉到安心。对他们来说，与自己独处相比，被人利用，在心理上可能会感觉更好一点。

---

① Anna Willson Schaef, *Escape from Intimacy*。

但是，如果有勇气和那些坏人说再见的话，那么在心理上就会完全不同了。随着时间的推移，自己的自信心就会越来越强。而且，他们会反思——"我为什么过去会做那些对自己完全没有意义的事情呢"。

同时，他们也会这么想，"那些人和我分开了，肯定是一种损失啊"。可以说"那个人是失去了一件宝物啊"。

对于感觉到活着累的人来说，和那些逢迎讨好自己的人断绝关系，可是什么损失都没有的。和那些心地狡猾的人断绝来往，以后会越发感觉到"这样所有的好事都只是我一个人的了"。断绝关系后，再去观察那些人的作为时，你会产生一种强烈的感觉——"和那些人断绝往来真是好事，以后再也不用吃亏了"。同时，在心理上也会产生一种"再也不会被人利用了"的安心感。

**明知道被人利用却还是不得不迎合之**

也就是说，在被人利用的时候，人可能意识不到自己正被别人利用。反而还会有一种错觉，认为要是没有这个人的话，自己可能就活不下去了。

在被人利用的时候，人会逐渐失去心理支撑，认为一定要有人陪在身边才可以安心，认为要是不和某个人抱成

==一团的话==,那就不行。

而陪在自己身边的人,即便是在利用自己,你也会产生一种错觉,认为正是因为有这样的人存在,所以自己才能够生存。越是被人利用,越是会有这样一种错觉,认为被人利用是理所当然的事情。这是很不好的事情。

虽然不过是单方面为他人谋利益的关系,但是却会陷入这样一种错觉,即认为如果没有那个人存在的话,那么自己就无法生存下去。有时候,人不管拥有的是什么东西,一旦失去了,就会陷入不安的情绪。

但是和那些人分开后,你却会惊讶于自己以前的行为——"为什么以前会一直逢迎那样的家伙呢"。但是在当时迎合对方、为对方谋利益的时候,自己根本意识不到这一点。而且越是迎合对方,越是认为那是理所当然的事情;越是迎合对方,越是丧失了自我。

正如美国伟大的精神病学家卡伦·霍妮所说的,==如果是出于不安而迎合他人的话,结果就只能是丧失独立性==。一旦习惯于迎合他人的话,自己就会逐渐失去自信,甚至陷入自己的生活中不能没有那个人存在的错觉。

自己迎合的对象,实际上却是对自己来说一点好处都没有的人。即便是和自己交往的人是对自己完全没有好处的人,一旦习惯于迎合对方去做事的话,那么就会感觉到那个人是很强大的。

"自己为对方所做的事情,决定了自己对对方的看法。"——美国的精神病分析医生乔治·温巴固的这番话说的就是这样一个道理。

客观来看,对方其实并不是多么强大的人,但是,一旦自己习惯去迎合那个人了,就会产生一种错觉,认为那个人很强。自己对对方采取什么样的态度,决定了自己会怎么去看待对方。

**退一步看　会有另一番感悟**

对自己失去信心的人,如果真的想要努力生存下去的话,即便是一个人也可以做得到,但是自己却认为光靠自己是无法生存的。而且,一旦认为靠自己一个人是无法生存的话,那么事实上就会真的变成自己一个人无法生存了。

一旦和那些人断绝了关系,再回头看的话,你可能就会对以前的种种感到不可思议——为什么以前对于那些对自己来说只有坏处的人要如此逢迎和害怕呢。但是自己在迎合那些人的时候,其实并没有意识到这一点。

对自己来说只有坏处的意思,就是说对对方来说只有好处。而且对方可能会更加得意,因为给予利益的一方要卑躬屈膝地迎合获得利益的一方。

在被人利用的时候,为什么自己却看不清真相呢?而一旦分开后再看的话,自己也会感觉到不可思议——"以前的我为什么会做那么傻的事情呢"。但是,这样的真相,如果不分开之后再来看的话,是无法体会得到的。

离开后再回头看,你就会很惊讶地发现,原来和那个人断绝关系后自己成了真正的受益方。但是在和那些人交往的时候,自己却意识不到和那些人的交往实际上是让自己的利益受到伤害的。

离开后再回头看,就会意识到和那样的人断绝关系,竟然一点不便的地方都没有。即便是和那样的人断绝了关系,也不会陷入任何的困境。因为那些人是自己不努力却光考虑个人利益的人。

==但是,不可思议的是,和那些人交往的时候,自己却会有一种错觉,总觉得好像如果离开那些人,马上就会陷入困境。==而且,自己也不知道为什么会有这样的感觉,只是觉得如果不和那些人交往的话,自己就无法生存下去。

**要在心中远离轻视自己的人**

这可以说明,你与那些人之间的关系并不简单的是利用和被利用的关系。给人造成伤害的人际关系，可以说也是如此。

我们一般会对取笑自己的人感到愤怒。而且有的时候在被人取笑的时候，会有一种悲情的感觉。但是，对于取笑自己的人，你其实没必要感到着急上火，也没必要感到悔恨。

==人，如果想要争口气、做点什么事给取笑自己、瞧不起自己的人看的话，那么就会陷入自我固执的陷阱。==那就会成为自我蔑视的人。自我蔑视的人，从心底接受了来自他人的轻视。因此，他们无法粗暴地对待看不起自己的人，而且在心里面也无法认同他们是"这样坏的一帮家伙"。

但是，对于正常的人来说，如果确实有人看不起自己的话，那么自然就会认为"不能和这样的人交往"，也就自然会下定决心——"我要早点和这些人断绝关系"。

不能过分执著于那些嘲笑自己的人，要勇敢地跟那些看不起自己的人说再见，也没必要为自己受轻视的事情而耿耿于怀。

也就是说，被人利用的时候也是如此，正是因为在心理上已经相交甚深，所以才会感到愤怒、悔恨，才会感到悲伤。如果在心中做到与其断绝关系的话，就不会再去理会那些人会怎样想了。一旦断绝关系了，你就会意识到为他们的态度和言语而感到受伤是很没有道理的事情。

### 远小人　增自信

这样一来,你也会意识到下面的事情。也就是说,瞧不起你的人也不过如此。他们其实是仰仗着对强壮的身体、学历、金钱等东西的拥有,来取笑那些没有这些东西的人。实际情况就是拥有一切的人在取笑一无所有的人。

但是,即便是仰仗着高学历来取笑他人的人,也就是从学历这一点来看比较强罢了。

即便是再怎么苦恼于取笑自己的人,又能给自己带来些什么呢?那样的人,不论有多少,对自己来说都是没有用的。

对于现在感觉到活着累的人来说,和那些心地狡猾的人断绝关系,能给自己带来的自信,是不可估量的。

## 三、"现在"只是成长道路上的一个驿站

### 为迈向下一个幸福时代做好准备

人,有的时候要努力工作,有的时候要好好休息。而

你却是一直在努力工作,却从不休息。现在就是应该好好休息的时候了。

现在你休息好了,实际上是在为下一个幸福时代的来临做准备。一定不要忘记了,好好休息,是在为下一个精力充沛的时代的到来做着准备。

<mark>春天一定会到来的,一定要一直休息到春暖花开的季节。</mark>

作为法学家、政治学者,同时也是伟大的道德家希尔逊认为:"只有痛苦才是通往所有幸福的大门。"①

现在的疲倦感,对于你今后的漫长人生而言,并不是毫无意义的。可以说,现在的这种感觉到活着累的状态,对自己的人生可以说是一件非常必要的"麻烦"。

而且,你可以从这样的"麻烦"中学到智慧,你可以好好思考一下"为什么会有这样的麻烦""自己的生活方式到底出了什么问题"。

也就是说,"不好的事情发生了""怎么办,已经不行了""很不好的事情发生了"之类的接近恐慌性的问题,实际上从漫长的人生来看,真的并不是什么坏事。因为意识到了这样不好,所以你才会从心理上重视这个问题,就会努力从困境中解脱出来。

---

① 希尔逊著:《幸福论Ⅰ》,冰上英广译,白水社,1980年版,第238页。

### "现在"正是应该去除人生污垢的时候

当意识到有不好的事情发生的时候,那就是应该去除人生污垢的时候。感觉到活着累的时候,也就遇到了成长过程中的里程碑了。

有人认为,"所谓的'不得了的程度',就如同手里只拿着火柴的人会惊讶于毛笔的重量的反差程度"。因此,应该深呼吸一下,回头反省一下迄今为止自己的为人处世。

有的人说一定是"迎合别人才是原因所在吧",或者说"这样说来,我还真是没有一次有勇气和别人断绝关系",或者"想想看的话,自己光是为了做给别人看了,还真是一次也没有为自己而活过"啊。各种各样的想法都会浮现出来。

或者,想想自己为什么要如此拼命地工作。反省了之后,你也会意识到其中存在着各种各样的问题。

"我认为只要自己认认真真地工作就可以了,但是实际上是想得到别人认可的欲望太强大罢了。""是不是因为害怕一个人的缘故?""是不是因为要摆脱心中的不安而更加拼命工作的缘故?"总之,你可能会找出各种各样的原因来。

将上面各种因素综合起来,就能找到造成现在困境的原因所在。

想骑着马在草原上奔跑,这时眼前却出现了一座大山。有的人或许会大骂一句,有的人或许会认为没办法继续奔跑了,也有的人想在这里做一个能够找到归途的记号。

而你这次在人生中碰到的麻烦,对于今后漫长的人生而言,一定不会没有意义的。可以说多亏了这个"麻烦",你才能准确地找到回家的路。

如果你真的无法忍受人生中出现的各种"麻烦"的话,那就只能等死好了。

### 找到可以吸引自己的音乐或书籍

现在再怎么努力,也已经无法获得成功了,也已经无法再对努力的成果抱有期待了;现在再怎么努力,也不过是弄错了要努力的方向而已;现在即便想要去满足别人的期待,结果也只能是让自己受到伤害而已。

现在是应该暂且放下他人的期待、好好休息一下了;只需好好看看风景就好;这样就可以了。

如果有自己喜欢听的音乐,那就听着音乐、享受一下美好的时光;如果有自己喜欢看的小说,那就读读小说、享受一下快乐的时光。

或许从音乐和文学中,你可以找到让堆积在心底的憎恨情感发泄的出口。你一定可以从音乐和文学中找到能够和你心中的抑郁情感发生共鸣的东西。你应该一直侧耳倾听这些音乐。

这时,你就不能选择那些一般意义上被认为是优秀的文学或音乐作品了。要以有没有和自己的内心世界发生共鸣的东西作为选择的标准。外国文学也好,日本文学也罢,也不管是古典文学,还是大众文学,只要符合标准,什么样的作品都可以。

**"过去"的意义就在于帮助你认识"人类的愚蠢"**

感觉到活着累的人,首先要做到的就是保护好自己。感觉到活着累的人,就是因为过去没能保护好自己的缘故。因为存在爱的缺失感,所以以前光是考虑如何去博取他人好感了。

感觉到活着累的你,为了获得别人的好感,一直在努力生存到现在,可是自己究竟得到了什么呢?

对于感觉到活着累的你来说,世间的评价现在又给了你什么样的力量呢?对于感觉到活着累的你来说,财产也好,学历也好,现在又给了你什么样的力量呢?对于感觉到活着累的你来说,交往过的人现在又给了你什么样的力量呢?

实际上你没有获得任何的力量。

而你却是为了得到这样一些人的好感而努力至今。因为存在强烈的爱情缺失感,所以你才会特别期待去获得他人的好感。这一点也是可以理解的。

**但是,现在的你却感觉到活着很累。这样你就要好好反思一下。** 过去的事情已经没有什么办法挽回了。如果爱情缺失感很强烈的话,那么无论是谁,都会像你一样想要获得他人的好感而去做一些无用功的。

如孩童般幼稚的愿望得不到满足、爱情缺失感又强烈的人,会和你一样。那也是人的本性。但是,现在你应该从心底认识到那种生活方式是多么愚蠢了吧。人的本性中的愚蠢,即便是向别人请教,也是很难弄明白的。只能通过自己的体验才能够明白。

因为爱情缺失感存在,所以才会去做一些愚蠢的行为。这些认识也是需要自己去学习和领悟的。

感觉到活着累的你,现在就可以学习到这一点。迄今为止所经历的糟糕人生,实际上是为了让你去认识人类的愚蠢行为的。

现在你从心底感受到了人类本性中的愚蠢，也可以从心底感受到现在为止自己所做的事情有多无用。这也可以说是来自神灵的启示——"是好好反思和学习的时候了"。

### 认识真实的人生意义

你曾经为了讨人欢心而努力做事情，但是那个人会为现在处在困境中的你伸出援助之手吗？

为了讨人欢心，要勉强自己去做自己不喜欢的事情。为了讨人欢心，甚至不惜鞭笞自己，消耗精力。

可是那个人对于即将溺水的你，又会做些什么呢？你曾经高兴上学的学校，你曾经引以为豪的公司，对于现在生命力在逐渐衰弱的你，是否会伸出援助之手呢？我这里说的并不是具体的事情，而是说那些能否成为你心灵上的支撑力量呢？

曾经在苦闷的时候，你为了得到无法对内心起到任何支撑作用的学历和工作经历，你是多么努力地去做事情啊。

如果爱情缺失感强烈的话，人就会努力迎合身边的人。那是人类的本性。但是，即便这是人类的本性，现在的你也应该从心底意识到这种迎合行为是毫无意义的。

因为害怕遭人嫌弃，你会说违心的话。其实纯粹是为了不让自己被人讨厌才这样迎合着说的。

"要喝茶吗？很好喝的。"对方热情地问你。其实你是不想喝的，但还是会说"我想喝"。对于别人一直添加的蛋糕其实早就吃够了，但还是要说"喜欢吃"。这就是你曾经的日常生活。

虽然是违背自己的意愿去迎合他人，但是在你遇到困难的时候却无人能够帮助你。你现在应该已经通过自己的心理体验深刻领悟到这一点了。

在你的身边没有一个人可以理解现在生命力正在衰弱的你。这就是你一直迎合着别人而生存的周边环境。

==在生命力衰弱的当下，正好是反思人生真谛的时候了；==感觉到活着累的时候，也就是真正认识自己的时候。

感觉到活着累的你，为获得这一认识，你才强忍着那样辛苦的经历而生存到现在。

## 本章重点摘要

而生命力如果衰弱的话,肉体上再怎么年轻,也是没有意义的。

感觉到活着累的人,现在应该好好休息一下,让自己的身心都彻底地放松一下。要好好慰劳一下自己的身心。现在就应该善待自己,不再去委屈自己。

感觉到活着累的人,现在是时候应该好好梳理一下自己的人际关系了。

人一旦从被利用的人际关系网中逃离,就会因担心而变得精神紧张,戒备心也会变得非常强。

在被人利用的时候,人会逐渐失去心理支撑,认为一定要有人陪在身边才可以安心,认为要是不和某个人抱成一团的话,那就不行。

如果是出于不安而迎合他人的话,结果就只能是丧失独立性。

但是,不可思议的是,和那些人交往的时候,自己却会有一种错觉,总觉得好像如果离开那些人,马上就会陷入困境。

人,如果想要争口气、做点什么事给取笑自己、瞧不起自己的人看的话,那么就会陷入自我固执的陷阱。

人,有的时候要努力工作,有的时候要好好休息。

春天一定会到来的,一定要一直休息到春暖花开的季节。

想骑着马在草原上奔跑,这时眼前却出现了一座大山。

如果有自己喜欢听的音乐,那就听着音乐、享受一下美好的时光;如果有自己喜欢看的小说,那就读读小说、享受一下快乐的时光。

但是，现在的你却感觉到活着很累。这样你就要好好反思一下。

如果爱情缺失感强烈的话，人就会努力迎合身边的人。那是人类的本性。

在生命力衰弱的当下，正好是反思人生真谛的时候了。

# 第六章

## 要有勇气"更好地生活下去"

---

一、要诚实对待自己

二、要接受自己的感觉方式

三、不要执著于过去

# 一、要诚实对待自己

**生活的疲劳能够帮助人思考**

感觉到活着很累的人,或许无法再活得生龙活虎了,但是感知生活的疲劳,可以使得你的思考更加深入。只要度过了这个时期,你就会成为比以前更加深思熟虑、对人更为体贴的人。

==而过去的你却是为迎合别人而活着,结果使得自己生活在谎言当中,今后你应该去诚实地生活,能够做到的话,你就可以自然地做到与人真诚相待。==

下面来看一则伊索寓言中的故事。

一只乌龟和一只青蛙在一起玩。乌龟抓到了一条小鱼,分给青蛙。青蛙很高兴,乌龟也很开心。本来和青蛙在一起玩的乌龟,突然发现自己已经被海水带走了很远,并且,四周变成了一片黑暗。

青蛙正津津有味地吃着自己最喜欢吃的蚊子。乌龟只能从远处眺望这边,不禁悲从中来,"我自己到底在做什么啊？青蛙连食物都不分给我吃。可是即便是给我了，我也不吃蚊子啊。唉，为什么会变成现在这个样子呢？"乌龟现在已经长大了，但是今后再也无法融入到青蛙的世界中了。

辛苦如斯的自己到底从青蛙那里得到了什么呢？乌龟第一次意识到了这个问题，那就是其实不管对方是谁，只是希望能有人来安慰自己罢了。

乌龟也不一定喜欢大海这个朋友，无论是谁都好，它也只是想找个能让自己快乐起来的朋友罢了。如果能够早点明白这一点的话，乌龟就一定能够找到和自己意气相投的朋友。结果乌龟却因为寂寞难耐而变得更加孤立，如同孤零零地站在广袤草原上的稻草人一样。

感觉到活着累的人，和这只乌龟是一样的。内心孤独的人很乐意得到别人的夸奖，乐意受到别人的关注。这样他们也就逐渐迷失了自我。

如果乌龟能够更加了解自己的话，那就可以在自己的世界中找到属于自己的快乐；如果能够拥有自我的话，那么乌龟就不会那么依恋青蛙了，只要对自己的生活方式充满信心，乌龟就不会去迎合青蛙了，如果青蛙看到的是一个如此自信坚强的乌龟的话，青蛙也一定会主动过来示好的。

小时候被称为"好孩子"的人,长大以后碰到挫折的时候,也会如此。为了满足父母对自己的期待,努力奋斗想出人头地,进而加官晋爵。

到了四十岁以后,有一天却突然发现自己并不适合这份工作。但是,"已经到了这个岁数了,不可能像刚毕业那会儿重新找份工作了"。

这和烦恼着叫道"唉,为什么会变成现在这个样子"的乌龟是一样的。

等真到了这一步的时候,也有的人会选择走上自杀的道路。当然也有人虽然没有选择自杀,却患上了抑郁症。也有人没有患上抑郁症,但却变得神经质起来。也有的人变得精神恍惚起来。

也有的人在进入四十岁之前,甚至在十七岁的时候就表现出各种症状来。这些都是不知道怎么办才好的人。

**"假如明天就要死去,现在要做些什么呢"**

感觉活着累的你,应该在休息的同时,好好思考一下这三个问题:如果你明天就要离开这个世界了,现在要做些什么呢?是为了获得那些人的好感还要最后努力一把呢?还是要继续鞭打已经变得疲惫不堪的身体呢?

应该不会有人那么做吧。大概都会这样想——"我才不管这个讨厌的家伙会怎么想呢"。

人的生命只有一次。真的是只有一次哟。==如果你也认同人生只有一次的话，还会去委屈自己来迎合他人吗？==而你实际上到现在为止并没有真正地认识到"人生只有一次"这个道理。难道不是吗？

如果你真的认同"人生只有一次"的话，你就应该改变一下过去的生活方式了。

**"如何与这样的人交往"**

接下来，你需要考虑一下这样一个问题——对于现在和你交往的人，你到底想和这些人建立起什么样的人际关系呢？

这个人会是在自己上了年纪之后照顾你的那个人吗？是在自己遇到了车祸之后还来照顾你的那个人吗？想到这一步，再回头看那些人，你可能就会看得出谁真诚、谁不真诚了。

**"到现在为止自己都做了些什么呢"**

最后，要扪心自问的就是，如同之前寓言中的乌龟一样,你是否有考虑过"自己到现在为止都做了什么呢"。

是不是很多人都没有这么想过呢？一般来讲,如果感觉到活着累的话,这样来问自己,是一点也不奇怪的。对生活感到极度疲倦了,在一个人独处的时候,自然会思考"自己到现在为止都做了些什么"。对生活感觉到累的你,如果无法用言语表达出来的话,又是为什么呢？

从未如此想过的人,到底是担心无法满足他人对自己的期待呢,还是从心里就恨那些人呢？

那么,反过来思考一下,什么样的人才能够勇于表达自己的想法呢？

假设有一个女人,为了自己喜欢的男人,不惜拿一生的时间去爱他。但是这场恋爱并不圆满。这个女人的爱情最后没有任何结果,对方也没有得到幸福,自己现在也不幸福。

如果是这样的话,这个女人不会感到失落吗？不会反问自己到底都做了些什么吗？

或许直到此时,这个女人才意识到自己以前的想法和做法都是有问题的。以前一直认为自己的努力肯定会有所回报的,但是虽然曾经如此的确信无疑,最后却是一场空。

因此,最终她只能哀叹"为什么事情会变成现在这个样子呢"。

她会有这样的哀叹,也是很自然的事情,但是,你也曾经和这个女人一样一直在努力,而且到最后也一样,自己的努力得不到任何回报。

你也和那个女人一样,曾经坚信自己的想法和做法都是正确的,但是,现在你却对自己的人生感到疲倦了。

到底哪里不同呢?

这个女人曾经深爱着那个男人,一直努力去让对方过得幸福,但是即便是用尽了自己一生的努力,也没能让对方获得幸福,因此她才会哀叹自己都做了些什么事情。

但是,如果你并没有像这个女人这样反问自己的话,那就说明你的生活方式和这个女人并不一样。

你和这个女人都曾经努力过。那个女人是在为自己的爱人而努力,而你却是为了获得他人的好感而努力。这难道不就是自我执著型的努力吗?

**过于自我执著容易导致疲劳**

你是因为自己的执着而感到疲劳。如果不利用现在的机会好好反思一下、努力改变一下自己的生活方式的话,即便是身体上恢复了健康,过不多久就又会对生活感觉到疲倦了,或者可以这么说,十年过后,你可能还会对生活感觉到累。

==你也确实是拼了命地努力过。但是,现在应该好好考虑一下,以前自己到底是在为谁而拼命地努力呢?==

不管对生活感觉到有多疲倦,如果只是一味地对身边的人抱有畏惧和憎恨的态度,而不去思考自己到底都做了些什么的话,这样的人其实是怀有非常强烈的如同孩童般幼稚的愿望的人,是在情感方面还远未成熟的人。他们在心理上还没有成熟起来。

这样的人也不得不承认,自己在心理上其实不过是三四岁左右的孩子。所有的思考都是从这里开始的。

与此相对,在感觉到活着累的时候,对身边的人并没有畏惧或憎恨、而是在思考自己到底都做了什么的人,他们所持有的如同孩童般幼稚的愿望,其实在某种程度上得到了消化和释放。或者可以说,他们的心理更像十来岁的少年。

**心灵缺乏感知快乐的能力**

在美国有一本名叫《情感革命》的书,现在还未翻译成日语。书中举了一个抑郁症患者的例子。

抑郁症患者会为自己的抑郁状态找出各种各样合理的理由,比如工作不好啊,婚姻生活不幸福啊,经济状况困难啊。但是,一旦吃了抗抑郁症的药,精神恢复了之后,即便是身处同样的状况,他们的反应却大不相同。他们会说"工作还不错""经济状况还行吧""还是挺看好未来的婚姻生活的"。

如果你每天都感觉到无聊的话,那并不是说你每天经历的事情本身是无聊的,问题在于你的心理已经欠缺了感知兴趣所在的能力。

## 二、要接受自己的感觉方式

**"柳暗花明又一村"**

在你身边的人当中,有人可能会这么鼓励你——"你做了这么多的工作,你是如此的努力,你应该为自己感到骄傲"。

确实,从一般的评价标准来看的话,你在很长的一段时间内都是很努力地在工作着。无论是在公司,还是在家里,你都很出色地尽到自己的职责。你为自己感到骄傲,也是理所当然的事情。

但是,你却并没有这么想。在身边的人看来,你竟然没有为自己感到骄傲,这是很难理解的事情。

问题并不在于你完成的工作的质和量,也不在于你所担负责任的轻重,也不在于你所背负的负担的大小。

你所尽到的,或者说一直在尽力承担的责任是很重的。与一般的人相比,你对社会是做出了贡献的。

但是,感觉到活着累的你,并不为自己感到自豪。身边的人对你夸奖道:"都做到这种程度了,真是太棒了,难道你不为自己感到骄傲吗?"但是即便是听到这样的夸奖,你仍然没有自豪的感觉。那是因为你的心理上已经失去了感知自豪感的能力了。

但是一般的人,如果做的是和你同样的工作的话,他们会很自然地感觉到骄傲和自豪的。但是,做同样的工作,或者即便是做了比别人更难的工作,你也不会为自己感到骄傲和自豪的。

这就是你会感觉到活着累的原因。在很长很长的一段时间内,在一直强忍着各种压力而努力的时候,你逐渐失去了感知喜怒哀乐等情感的能力了。

因此,感觉到活着累的你,与其说应该改变自己身边的事情,不如说更应该改变的其实是自己的心。==感觉到活着累的时候与精力充沛的时候,你的眼睛看到的世界是不一样的。==你对身边的人的看法也是不一样的,对自己也会有一种不同的认识。

**要接受现实**

有一本书①记录了某个中小企业老板所说的一段话。大意是说这个老板被逼到了走投无路的境地,一无所有,已经无法重新振兴公司了。他说了下面几句话——"不得不让孩子辍学了","一切都是我不好,我是罪人","如果有第三方的人从公正的立场来看的话,其实这并不公平"等。

实际上是因为这位老板已经对生活本身感觉到疲倦了,想以此来安慰自己罢了。他实际上已经讨厌自己的公司了,也肯定不喜欢自己的孩子了。如果他仍然喜欢公司,喜欢孩子的话,那么他就应该继续努力。这才是问题的关键所在。

因为这样的人无法意识到自己心底潜藏的厌恶感和

---

① 斋藤茂太著:《躁与郁》,中公新书,1980年版,第59页。

憎恨感，所以才会在长时间内感觉到活着累。如果能够意识到憎恨感存在的话，那么就不会认为"一切都是自己不好，自己是罪人"。

有抑郁症倾向的人，和这位老板其实是一样的。本来是不喜欢的，但是出于一种不应该去讨厌的规范意识的心理，才强装笑颜让自己去"喜欢"的。而且自己并不想为此而努力，但是意识里认为应该去努力，所以才努力去做的。

意识到自己喜欢什么不喜欢什么的人，如果鼓励这位老板，对他说"只要努力去做，公司还会好起来的"的话，那就是没有找到正确的鼓励方向。因为这样的鼓励只会将他逼进更加绝望的深渊。

美国心理学家西贝利在《问题就是应该解决的》①一书中谈道："人之所以会失败，是因为他拒绝现实、不想承认事实的缘故。如果能够认可事实，那么他也就能够找到通往成功的方法和道路。"

因此，这位老板想听的并不是"只要努力去做，公司还会好起来的"的话，而是"你是不是对公司也好、对其他的事情也好都没有兴趣干了啊"。

---

① 西贝利著：《问题就是应该解决的》，第93页。

还有就是"别再勉强自己了,出去玩玩,吃点好吃的,然后好好休息一下"之类的话。

这位老板正是因为无法承认自己本来的想法,所以才不明白事情发展到现在的原因。因此,实际上这位老板对于未知的事情心存恐惧。

如果能够随着事情的进展而正视自己的真实想法的话,那么情况就会改观。那是因为自己内在的力量可以被释放出来。

西贝利认为,"接受现实是应对现实的第一步"①。我们也可以说:"认可自己的内心感受是应对现实状况的第一步。"

**要结交善于聆听的朋友**

感觉到活着累的人,如果每天都是生活在无聊和苦恼当中的话,那是因为你的心已经疲倦了,因此最重要的事情就是首先医好自己的心。

好好休养一下也行,或者养养小动物什么的也可以。比如养只小鸟或者养只狗什么的,都可以。这样看到小鸟

---

① 西贝利著:《问题就是应该解决的》,第36页。

吃食的场景,你的心也许就会得到安慰了;抚摸一下小狗狗,也会让精神得到安慰。

另外,还可以寻找一些可以真正安慰自己的人。王子也好,乞丐也好,总之要找到一个无欲无求的人。要寻找一个在价值观上和现在自己所交往的人完全不同的人做朋友。

你也可以选择在林中散步。通过与自然的接触,让心获得安静。在草原上吹吹风,也不错。让扑面而来的风安慰自己的心灵。

如果你觉得上面所说的事情都很麻烦,你也可以选择不做任何事情,就静静地坐着,眺望一下远方的风景。

你也可以寻找一个令人舒心的场所,找到一个可以让自己安心委身的地方。因为有抑郁症倾向的人,从小时候起就缺乏安全感。

你可以寻找一个愿意聆听自己不幸遭遇的人。你需要的并不是那些用话语来鼓励你的人,而是能够聆听你的心声并感知你的情感的人。

==某个冬天,有只蟋蟀想要进入位于树根深处的洞穴里。==但是,要进入这个洞穴,这只蟋蟀必须得带礼物,不然其他蟋蟀不让他进来。这只可怜的蟋蟀在寒风中颤抖着,几乎要苦闷死了。没办法,只能想办法弄点礼物带来。

或许你在谈起自己的过去时,会说"我过着和那只蟋蟀一样的生活"。这个时候,你就希望有人说"你过得真是不容易啊"。

如果你想消愁解闷的话,数数念珠其实也是一个不错的方式。

"正如法国哲学家阿兰所说的,念珠其实是一个非常好的发明。为什么这么说呢?数数念珠,不仅要用到手,而且也要用到心。那些怯场的钢琴家一触摸到琴键的时候就恢复镇定了。这是因为他的注意力全都集中在手指的动作上了,将自己从紧张的状态中解放了出来。"

说不定你在数念珠的时候,还会产生出去散散步之类的冲动呢。

### 活在当下

出生在充满母爱的母亲身边的人,是幸福的人,可以很轻易地说出要好好活着之类的话。但是,如果真的可以好好活着的话,无论是谁都可以活在当下。也有的人即便是想好好活在当下,却由于无法做到而只能自怜不已。

有抑郁症倾向的人,在某种意义上可以说他们活在当下的勇气以及用于生产性活动的精力都已经被夺走了。

有道是"巧妇难为无米之炊"。比如,即便是在法庭上获胜,胜诉的一方也无法从没有一分钱的败诉方获得钱财。这样的状况在英语中就表达为"Empty victory"(一无所获的胜利)。

无法好好活在当下的人,其实就是被自己过去没有被满足的欲望所支配的人。一直在压抑过去种种情感的人,是无论如何也无法好好活在当下的。

所谓的活在当下,其实就是要你好好体味当下静谧之处的意思,是要你聆听自然之声的意思。

如若心不在此,就可能发生可见而不能见、可闻而不能闻的状况。如能活在当下,则必然有些东西可闻,必然有些东西可视。活在当下,其意就在于好好反省当下,就在于好好聆听当下的雨声。如果你现在正身处晴空之下,那就好好享受一下碧空万里的爽快氛围。

但是因为你心底有恨意,所以无法做到充分享受,而是始终为过去所束缚。现在哀叹自身不幸的人,实际上是活在过去的阴影当中。

感觉到活着累的人,之所以会陷入到孤独的世界中,就是因为他的心底存在着恨意。

美国专门研究大脑和行动关系的阿门博士认为,为过去的伤害所苦之人,是因为其脑部的某种功能发生了异常。①

如果是这样,那么问题就出来了。为什么这部分功能无法正常运作呢?我觉得原因就在于人的心底存在着憎恨的情感。

**要学会放弃**

在《伊索寓言》中还有这样一则故事。

蝙蝠、荆棘和海鸥成为了朋友,打算一起做点生意。蝙蝠借来了一些银钱,荆棘购进了一些外套,而海鸥则弄来了一些铜块,然后一起乘船出海了。

在途中遭遇到了暴风雨,眼看乘坐的船就要破损沉没了,于是它们努力摆脱了危险,重新回到了陆地。但是此后,海鸥就总是在海岸边盘旋,盯着看会不会有铜块被海浪冲打上来。而蝙蝠则担心碰到借给自己银货的人,白天就躲起来,到了晚上才出去觅食。荆棘呢,则一直想抓住来往通过的路人,以便确认这些人身上穿的外套是不是自己购进的那批。

伊索将为过去所束缚之人的丑态生动地表现了出来。

---

① Daniel G. Amen, M. D. *Change your Brain Change your Life*, Three River Press N. Y. 1998, p, 153.

对于已经失去的东西,还不断地去追求,这是很愚蠢的行为。

对于自己得不到的东西,却一直在追求,就在这样的追求无果中结束了一生。这样的人在现实世界中却是出奇得多。==有很多人是在对自己失去的人生的留恋中结束了一生的。==而这样的人如果真的想好好生活的话,其实他们眼前就有精彩的人生在等着呈现。

## 三、不要执著于过去

**执著于过去会阻碍前进的脚步**

抑郁症患者的时间是停滞的,他们的身体虽然活在现在,但是心却停留在过去的时间里,因此,他们才会一直念叨着,"那时要是那样做的话,就应该很容易度过困境的"。

如果开车的时候一直看着后视镜的话,那么无论是谁,都会发生事故的。看不到前面的人,就是有抑郁症倾向的人。

心理健康的人可能会很不理解,为什么有抑郁症倾向的人明明可以看得到前面的路况、却总是在行驶的过程中观看后视镜呢?其实并不是这样的,他们是因为看不到前面,所以才边看着后视镜、边驾驶车辆的。

正是因为他们活在过去的记忆里,所以现在已经无法再采取任何行动了。

这样的人一直为过去所困,活在过去,所以现在已经无法再前进一步了。

==有抑郁症倾向的人,并不知道现在该怎么办才好,也不知道自己想做些什么。==从心理学的角度来说,长时间以来他们从未想过如果处在一个安全的地方自己会想做些什么。因为他们一直都生活在危险的处境当中。

所以现在当他们想往前进步的时候,他们自己希望能够确认自己到底想做什么。如果做不到这一点,那么他们也就无法向前进。他们要在意识到自己的执著所在之后,才能够继续往前走。

**憎恨会阻碍心灵的成长**

如果你喜欢踢着"过去"的空罐头盒往前走的话,那就说明你可能是典型的"肛门性格者"或者"执著性格者"。

根据弗洛伊德的研究,所谓的"肛门性格者",是指那些在过了口唇期(出生后一年)之后一直到下一个肛门期(指从两岁到四岁的排泄期教育)之间成长处于停滞状态的人。肛门性格者的典型性格就是节约和顽固。

无论是肛门性格,还是执著性格,具有这种性格的人,其心底一定存在着憎恨的情感。

这样的人会受此所累,无法前进一步,这也是因为憎恨的情感无法完全消除的缘故。特别是在幼儿期形成的恨意是很难消除的。

阻止心理成长的东西就是憎恨。有憎恨情感的人,从那时起就停止了心理的成长。这种憎恨的情感开始支配起意识来。

到了某个年龄段之后,即便是有憎恨的情感,也还是有能力去消除憎恨的,因此,这个人的心理成长,即便是一时停滞了,总有一天还会重新开始继续成长,并不会对这个人的人生产生决定性的影响。所谓的消除憎恨情感的能力,指的就是生产性的活动能力。

但是如果在幼儿期开始就有憎恨感的话,那么就不会产生生产性的活动能力了,因此,这种憎恨的情感如同积雪一样,不会因为某点小事就会烟消云散。也就是说,有憎恨情感的很多人,都是在幼儿期的成长阶段就停止了心理的成长了。

为过去所困扰的人,在社会上、生理上来看是大人,但是在心理上还是如同幼儿一般。这也就是人们常说的"五岁的大人"。

这样的人也是很多的。

**孩童时候的憎恨感无法成为"过去"**

有的人可能有过这样的经历,小时候脚受伤了,感觉很疼,但是母亲用嘴吮吸伤口,然后涂上药进行治疗。这样一来,疼痛的经历,再怎么痛,也成为过去了。这种经历并没有妨碍到这个孩子的心,而且,这个孩子可以从这种经历中学到生存的智慧。

但是,假如这个时候母亲只是笑笑而已,并没有把孩子的脚伤当回事,那么,这种小时候受伤的经历,在孩子的内心世界中就无法变成过去的经历。肉体上的疼痛可以成为过去,但是在心理上会产生憎恨的情感,并且最终发展成为潜藏在心底的恨意,难以消除。

肉体上的疼痛可以成为过去,但是心理上的疼痛却还如当下发生之事一般令人印象深刻。在社会经历上虽然已经成为过去了,但是在内心世界中并没有成为过去,因此他就会变得更加执著于过去之事了。

有一个人在三十年前曾经被母亲抛弃在河边。那时候这个人只有十岁,现在他已经四十岁了,但是,在这个人的心里,彼时的恐惧感还是存在着。

有的人会说:"这件事不早就成为过去了吗?"也有的人会说:"你现在还活着,这不是挺好的吗?"但是,他心里的恐惧感还是无法消除。

并且在无法消除的恐惧感中又度过了十年,到了五十岁了,他的心里还是存在着憎恨的情感。对于被抛弃的人来说,发生在四十年前的事情,在心理上是永远无法忘却的过去。

如果只是单纯的憎恨情感的话,或许会逐渐消除。但是,得不到爱的悲伤和被抛弃的恐惧感等共同造就的憎恨情感,就不是那么简单就可以消除掉的。

从他人的角度来看,这种悲伤和恐惧的感觉似乎并不大容易理解,因此,才会说那些人"为什么总是执着于过去呢"。

又过了二十年,这个人到了七十岁了,但是憎恨的情感还是没有消除。

有人又会说:"你到底多大了?不是已经七十岁了吗?怎么还念念不忘呢?"但是,这种恨意还是无法消除。

他人看到的只是眼睛能够看到的事情,因此,有人会去劝他可以放弃那段痛苦的记忆了,但是,对于他本人来说,那段经历始终无法成为过去。当时的那种悲伤和恐惧感,就是现在的悲伤,就是现在的恐惧感。

**唉声叹气无助于解决现实问题**

虽然他们也明知道继续执著于过去并无助于问题的解决,那么为什么有抑郁症倾向的人仍然要执著于过去呢?

这种所谓的"执著于过去",其实有两层意思。

第一层意思,就是在一直对自己过去的失败经历悔恨不已的时候,他们认为可以通过这种做法从失败中获得救赎的机会。并且,在这样的悔恨中,通过不断地自责来维持自己的存在价值。

所谓的"执著于过去",还有另外一层意思,就是说自己一直在倾诉着过去遭遇的不幸经历。这种夸大化地倾诉自己不幸的做法,在前面的章节中也已做过说明了,其实他们就是在表达自己内心憎恨的情感。

在日本人中,有很多习惯于站在受害者立场上说事的人。这也说明在这些日本人的心底存在着恨意。

与此同时,他们也在寻求着别人的关爱。==站在受害者立场说事的人,并不考虑如何解决问题,而是希望通过这种呼唤找到能够认同自己、关爱自己和理解自己的人。==

当有旁人在场的时候,有的孩子会故意表现得特别淘气。这样的孩子其实内心是孤独的。他们希望得到别人的关注。

故意夸大化地倾诉不幸遭遇的大人也是这样的心理。他们之所以执着于过去,其理由就在于他们坚信只要一直不断地倾诉过去的不幸遭遇,那么自己所经历的苦痛就会消失。

有些人之所以要不断地哀叹个人的不幸,就在于他们想通过获得他人的关注来消除现在的苦痛。在哀叹的瞬间,或许在心理上他们能稍微感觉到轻松一些。在期待获得关注的瞬间,或许能在心理上感觉到稍微轻松一些。"如果我的父母多少有给予我爱的能力的话,我现在就不会如此不幸了。"他们通过慨叹无法回避的过去的不幸,来对抗现在的不幸。

==一直哀叹不幸的人,就如同被拔下了塞子的煤气罐。==他们会喋喋不休地讲述自己的憎恨情感。可是再怎么讲述,憎恨的情感还是无法得到释怀。心灵的伤害无法得到治愈,因此他们也就会一直哀叹下去。

可是再怎么哀叹过去，也无助于现实问题的解决。这一点，他们本人也是清楚地知道的。但是通过哀叹无法改变的过去可以获得心理上的暂时轻松，因此他们也就只能继续哀叹了。

**悲观思想的恶性循环**

哀叹个人不幸的人，并不光是针对过去，他们实际上也是不想面对现实，并且，他们看不到事情的真相。例如，现在我们的生活环境里粉尘的数量很多，这可能会让人患上癌症。这时，有人会说，"以前比这个还要厉害呢"，或者说"以前可不是这样"。不管怎么说，这些人也就只是说说而已，根本不会有搬家的打算。因为他们缺乏那种行动的能力。

执着于过去的人，其实是为了摆脱现在的痛苦从而获得轻松的心情。但是因为现在就是痛苦的，反而更加无法从过去的记忆中解脱出来。正是因为现在感觉到不幸，所以他才会为过去所累，才会在念念不忘过去中终其一生。正是因为为过去所累，所以才无法好好活在当下。因为无法好好活在当下，所以现在才会感觉到不幸。这样就形成了一种恶性循环。

不幸的人，无论怎样都会执着于还未完成的事情。因为执着于还未完成的事情，所以他们才会感到不幸。现在感到不幸，所以才会执着于未完成的事情。

心理健康的人会问那些一边哀叹自己现在的处境、一边执著于过去的人，"你为什么总是活在过去呢？"并且劝他们："再怎么执著于过去，也是无法改变过去的。"同时，进一步给出建议："还是好好活在当下吧。"

心理健康的人，因为现在幸福的，所以才能够从不幸的过去中解脱出来；心理健康的人，因为现在是幸福的，所以才能好好地活在当下。因为可以好好地活在当下，所以现在还会感到幸福。这就是一种良性循环。

心理有问题的人，因为现在是不幸的，所以才会总是执着于不幸的过去。无论怎样，他们也无法从过去的不幸中解脱出来。

认为自己现在幸福的人，很容易在不考虑差别的情况下就对执着于过去的人进行责备。这样做，其实是很残酷的。健康的人指责那些无法前进的人的做法，其实是很残酷的行为。

**做一个"孤独的决断"**

能让在充满爱的环境中成长起来的人来裁决在缺少

爱的环境中长大起来的人吗？

那些心理有问题的人，不是没有缘由的。

没有人是因为自己喜欢才会在心理上出现问题的。心理上出现问题的人，也是在无法回避的命运之神的摆布下被迫受苦的。

每个人都想有一个充满母爱的母亲，都希望能够在充满爱的环境中成长；大家都想在心理上、经济上都优越的环境中成长。

<u>但是，遗憾的是，人无法选择自己的命运，只能被动接受被赋予的命运。</u>

因此，要想从不幸的过去中摆脱出来、好好活在当下的唯一方法，就是做出一个明确的决断。正如之前已经说过的一样，要从过去的不幸经历中感悟到人生的真谛所在，然后做出正确的决断。

2003年在美国突然发动对伊拉克战争的时候，美国的电视是这么说的，"这是布什总统一个人的决断"。并且，我在看CNN电视时，看到的是在记者会结束后没有任何随从、只是一个人从红地毯上走远的布什总统的背影。

从背影中我看不到任何的华彩之处，透露出来的就是布什总统一份孤独的心情。

美国总统的这一决断,可以说确实决定了很多人的生死,是一种孤独的决断。大概在领导人身上,无论是谁,都或多或少会有这样的决断力吧。

但是,如果无法做出任何孤独的决断的话,那么就意味着没有任何的领导能力。所谓的领导力,就是一种完全不同于一般人的气质。对于出生在没有母爱的家庭的人来说,有时也是需要做出这种决断的。

这种决断,对于被剥夺了生存能力的人来说,也是一种重新获得再生机会的决断。

==生存的能力,本来是从他人处获得的能力。==对于那些没有被赋予生存能量的人来说,这是一种重新获得再生机会的决断能力。这也是孤独得近乎可怕的决断能力。

对于那些在心理上认为在绝望和憎恨中死去是理所当然的人来说,这是一种从绝望中获得重生希望的决断能力。

## "自己是神的孩子"

所谓"孤独的决断力",对于承载着不幸命运的人来说,也是重新获得幸福生活的决断能力。

大概在作出这种决断的时候,一定会有某些启示,诸如"我是神的孩子"之类的。这是因为对于大部分的人类来说,这都是不可能做到的决断能力。这是因为往往这是由那些没有决断能力的人做出的决断。

用现在的学问来论证的话,那就是拥有某个类型大脑的人,如果出生在一个具有某种典型特征的家庭中,那么绝对是无法获得幸福的。

具体来说,抑制型特征的人,也就是说右脑的活动比左脑更为活跃、拥有敏感的扁桃核、交感神经比副交感神经更为活跃的人。如果是出生在波尔比所说的"父母孩子角色逆转"的家庭中的话,那么这个人是绝对无法获得幸福的。从出生起一直到死亡,毫无疑问一定都是处在不幸的状态的。

但是,即便是上述的情况,这种决断也是可以让人获得幸福的。马斯洛认为,自我实现型的人中有一种共同的特点,那就是超越宿命。

在脑科学研究发达的美国,据说无宗教信仰的人群占了13%。

因此,即便如此也可以让人获得幸福的决断,很大程度上都是一种宗教性的体验,因此,这个时候即便感受到了"我是神的孩子"这样的启示,这也不是只能发生在疯狂世界中的事情,可以说这就是现实世界中发生的事情。

而对于出生在一个有母爱的家庭中、并且拥有非抑制型大脑的人来说,这种决断能力是超越了想象之外的卓绝的决断能力。这是一种孤独的决断,是一种超越了孤独本身的孤独的决断。

现在感觉到幸福的人,其实是在过去的某个时点正好做了这样一个可以获得幸福的决断。用生理问题来解释的话,那就是虽然流了很多血、但还是努力让自己活下去的决断。

而心理上有问题的人,则是因为他们缺乏那种可以从不幸的过去解脱出来的决断能力。

## 本章重点摘要

而过去的你却是为迎合别人而活着,结果使得自己生活在谎言当中,今后你应该去诚实地生活,能够做到的话,你就可以自然地做到与人真诚相待。

内心孤独的人很乐意得到别人的夸奖,乐意受到别人的关注。这样他们也就逐渐迷失了自我。

如果你也认同人生只有一次的话,还会去委屈自己来迎合他人吗?

对生活感到极度疲倦了,在一个人独处的时候,自然会思考"自己到现在为止都做了些什么"。

你也确实是拼了命地努力过。但是,现在应该好好考虑一下,以前自己到底是在为谁而拼命地努力呢?

"你做了这么多的工作,你是如此的努力,你应该为自己感到骄傲"。

感觉到活着累的时候与精力充沛的时候,你的眼睛看到的世界是不一样的。

"人之所以会失败,是因为他拒绝现实、不想承认事实的缘故。如果能够认可事实,那么他也就能够找到通往成功的方法和道路。"

"认可自己的内心感受是应对现实状况的第一步"。

某个冬天,有只蟋蟀想要进入位于树根深处的洞穴里。

所谓的活在当下,其实就是要你好好体味当下静谧之处的意思,是要你聆听自然之声的意思。

美国专门研究大脑和行动关系的阿门博士认为,为过去的伤害所苦之人,是因为其脑部的某种功能发生了异常。

有很多人是在对自己失去的人生的留恋中结束了一生的。

有抑郁症倾向的人,并不知道现在该怎么办才好,也不知道自己想做些什么。

为过去所困扰的人,在社会上、生理上来看是大人,但是在心理上还是如同幼儿一般。这也就是人们常说的"五岁的大人"。

肉体上的疼痛可以成为过去,但是在心理上会产生憎恨的情感,并且最终发展成为潜藏在心底的恨意,难以消除。

站在受害者立场说事的人,并不考虑如何解决问题,而是希望通过这种呼唤找到能够认同自己、关爱自己和理解自己的人。

一直哀叹不幸的人,就如同被拔下了塞子的煤气罐。

心理健康的人,因为现在是幸福的,所以才能够从不幸的过去中解脱出来。

但是,遗憾的是,人无法选择自己的命运,只能被动接受被赋予的命运。

生存的能力,本来是从他人处获得的能力。

马斯洛认为,自我实现型的人中有一种共同的特点,那就是超越宿命。

# 第七章

## 有抑郁倾向的人的心理

---

一、抑郁的主要表现——"被动性"

二、对未来持消极态度的悲观主义

三、"全身无力"实际上是内心贫乏的表现

# 一、抑郁的主要表现——"被动性"

**缺乏自主行为能力**

塞利格曼将抑郁症的典型症状总结出三点来——被动性、消极的未来观、无力感。下面我们就一个一个来解释。

塞利格曼认为抑郁症的典型症状之一就是被动性。有这样一句谚语,"一扇门关了,还有其他的门打开"。就是说,如果真的碰到困难了,那也不是什么办法都没有了,还可以有另外的方法来解决困难的。

但是虽说一扇门关了、还有另外的门打开,如果只是坐等的话,其他的门也是打不开的。

但是,有抑郁症倾向的人或者感觉到活着累的人,已经没有气力去打开另外的门了。有的人想要靠自己的力量打开门,也有的人只是坐等着他人为自己打开门。

有的人会自己爬树去采摘苹果,也有人只是坐等着苹果从树上掉下来。

==感觉到活着累的人就是一直在等着。==抑郁症患者就是坐等着事情发生的人。

但是这和那些因为懒惰才选择等待的人不一样。他们是因为努力过度了，已经没有任何气力爬上树去采摘苹果了。

或者说他们更乐于看到有人为自己采摘苹果。他们并不是想要得到苹果本身，而是乐于看到有人能够为自己做点什么。这就是因为他们一直在寻求他人的关爱。

有抑郁症倾向的人，也就是感觉到活着累的人，他们想的光是让别人为自己做点什么。他们想从别人那里看到笑脸，自己却不会用笑脸去与人交流。

感觉到活着累的人，自己不会主动去采取行动。感觉到活着累的人一直在期待着，期待着有人能为自己做点什么。

### "被动"的态度无助于困境的改善

感觉到活着累的人，对任何事都无法采取积极的态度，他们没有自己主动想做点什么事的意愿，光是现在这样活着，他们就已经筋疲力尽了，因此，他们明知道怎样做能够获得快乐，但是他们已经没有力气去做了。

他自己不会主动去收拾房间。即便是有人告诉他收拾好房间心情会舒畅,他自己也还是没有主动收拾房间的意思,即便是有人告诉他在房间摆盆花,房间会变得很漂亮,他自己还是没有主动放盆花的意思,他在等待着有人能为他摆盆花;即便是有人说换换房间的壁纸心情也会变好的,他自己也没有主动更换的意思。他在等待着有人替他更换壁纸。

因为他每天都是在被动地接受着,所以自然面临的困难也在一天天增大。在总是处于被动立场的过程中,即便是做再怎么小的一件事,他也会觉得非常困难。

因为处在被动的立场,所以压力也在一天天增大。但并不是因为碰到了困难,所以才成为被动的,而是被动的态度使得事情变得困难了。也可以说,被动的态度或者想法招来了困难。这也意味着是自己在给自己制造烦恼。

那么,人为什么会变得如此被动呢?这和感觉到活着累的理由是一样的:那是因为心底的恨意找不到宣泄出口的缘故。

想要宣泄出去的恨意和想要极力抑制的意识,这两者在内心中纠缠着,逐渐消耗着人的能量。

简单来说的话,那就是抑郁症患者做什么事都会感到不痛快。

很明显的一个事实就是,抑郁症患者被动的生活态度,正在侵蚀着他们的生活。

**易于应对不良情绪的四个特征**

哈佛大学医学部的本松编辑的一本名叫《健康》的书中,列举了容易应对压力的人的几个特征。那就是四个C,分别是Control(控制力)、Challenge(挑战力)、Commitment(执行力)和Closeness(亲和力)。

由此看来,有抑郁症倾向的人对于压力的承受能力是很弱的。抑郁症患者的情感特征之一,也就是对于任何事都感觉到的绝望感,可以说就是因为失去了控制力之后才产生出来的。

也就是说,塞利格曼将Helpless(无奈)定义为失去Control(控制力)的感觉。

如果和某个人一直在一起的话,那么就会感觉到自己是不行的,但是即便是明白了这一点,自己也无法和那个人摆脱关系。那就是失去控制力的感觉。很明显,抑郁症患者身上也缺乏其他的三个特征。

有抑郁症倾向的人,自然不会去挑战遇到的任何困难。因为已经没有那种能力了。感觉到活着累的人,就是想从相关的事情中逃离出去的人：高中时候就考虑怎么样才能不参加学生会的活动；进入了公司之后，就会考虑怎么样才能不接受任务重的工作。

在 Closeness（亲和力）方面，也是一样，他们没有关系亲密的人，对他们来说，与人亲近是一件很麻烦的事情。

**撒娇的愿望是被动性的愿望**

那样的人之所以是被动性的，还有一层意思，那就是他们如同孩童般幼稚的愿望得不到满足。而这种如同孩童般幼稚的愿望就是被动性的愿望，是一种想让人为自己做点什么事情的愿望。想要别人关心自己，想要别人保护自己，想要别人聆听自己，自己想要撒娇，想要别人来接触自己等等，总之这种想要他人为自己做点什么事情的愿望，就是一种如同孩童般幼稚的愿望。

这种被动性的愿望如果能够得到满足的话，人就会变得具有能动性了。

有抑郁症倾向的人努力让自己变得具有能动性，表现出一种向前努力的姿态来，但是最终却遭遇了挫折。

虽然在小的时候已经努力过了，但是却没有得到别人的表扬。

此后就会认为无论自己做什么事都是不行的,而且这也会给身边的人留下同样的印象,那就是——你是不行的!

## 二、对未来持消极态度的悲观主义

**"自助者,天助也"**

塞利格曼所说的被动性的第二个特征是"消极的未来观"。他们很早就对未来的预期表示出了悲观的态度。

在陷入走投无路的境地时,我们应该如何应对呢?有的人会认为情况已经无法挽救了,也有的人试图靠着自己的信念来继续生存下去。

说起一筹莫展的处境来,我们很容易就想到的是鲁滨孙:一个人被困在了茫茫大海中的一个孤岛之上,任谁来看,这都是一种近乎绝望的状况,但是,鲁滨孙却坚强地生存了下来。

有的人在读了《鲁滨孙漂流记》之后,深受鼓舞,感叹道:"鲁滨孙是这样把握住了自己的命运啊!"

或许还有这样的人,到了癌症晚期,但是在读了《鲁滨孙漂流记》之后,也会深受鼓舞,感叹道"鲁滨孙是这样从死神手里逃脱出来了啊"。

想到鲁滨孙,自己就会意识到无论遇到什么样的痛苦,都不能对现实世界感到绝望。

感觉到活着累的人,现在也应该好好休息,等待精力恢复。现在只要能够坦然面对现实,幸运之神迟早有一天也会眷顾你的。

相信未来,或许就会产生新的行动力。

应该丢弃那种想要别人为自己做这做那的想法了,一旦丢弃了这种想法,你也就离幸福的彼岸不远了。

但是,有抑郁症倾向的人,因为过于自我执着,所以别人再怎么对他说"只要丢弃那种想法就可以了",他还是无法做到,而且,他也不相信未来。

**一味诉苦并不能解决问题**

有个人因为耳鸣,前往医院的耳鼻喉科看病。看了之后,耳鼻喉科的大夫告诉他说这个耳鸣是治不好的。然后这个人就感觉绝望了。

另外有一个人也是耳鸣,在医生看过之后,也是得到了同样的答复,那就是无法医治。

但是听到同样的答复,第一个人认为"这个病是治不好的";而第二个人则做出这样的反应——"不,能治好"。两者的差异就是悲观主义与乐观主义的差异。

有生命活力的人会认为这个病可以医治,因此他会继续努力想办法治疗,比如改变一下饮食习惯。

而感觉到活着累的人,则更易于认为"这个病是治不好的"。感觉到活着累的人,在疲倦的情况下所考虑的病情,与那些没有感觉到活着累的人所考虑的病情,二者在对病情的判断方面,在轻重水平上是有差异的。

认为耳鸣治好了就会有好事发生的人和与此相反的人,二者想要治愈耳鸣的心情也是不同的。

大声叫嚷"自己的耳鸣是治不好的"人,是对爱的欲求心很强烈的人。他们是在通过倾诉自己的痛苦,来获得别人的同情和关注。对痛苦的倾诉,实际上是对爱情的乞求,同时也是在对别人的爱进行确认的一种行为。当然,光是倾诉痛苦并不会解决任何的实际问题。想要解决实际问题,就必须直接面对现实。

**消极的未来观只能使事情更加恶化**

通常情况下,如果持有的是消极的未来观的话,那么就会让事态更加恶化。

如果总是在担心自己会不会被解雇,那么就只能给自己增加精神压力。即便事实上并不一定会被炒鱿鱼,但是对于可能会被解雇的担忧会发展成为精神的负担。在这种负担和压力下,人的精力就在不断地消耗。

如果总是担心自己有一天会被心爱的人抛弃的话,那么这也会成为一种精神压力。在这种压力下,精力也会不断消耗,魅力也会一天天消失掉,说不定真的有一天自己会被所爱的人抛弃。可是如果没有这种担心的话,就不会有压力,也就不会白白消耗精力。如果没有白白消耗精力的话,那么很有可能就不会被所爱的人抛弃。

消极的未来观给人带来的负面心理影响可是不可估计的。

消极的未来观,只会夺走希望,给心理上造成伤害。与现实的被解雇相比,有时只是出于对被裁员的担心,反而更容易让人失去工作的欲望和能力。

持有消极未来观的人,不会去想从现在开始做好自己力所能及的事情的。

我以前曾经在青森县的某个大学中做过讲演。该大学整理的演讲集《学而不倦之四》中有一段文献记载,一个名叫尾关宗园的住持在被问到"有缘何为"之时,住持回答说"难能可贵,此际当试为"。

后面又引用了千利休的俳句——"唯不入此道之心方为我身之师"。

感觉到活着累的人或者有抑郁症倾向的人,他们缺乏的正是这种"此际当试为"的精神和力量。他们缺乏上面这位住持所说的"此为吾最佳良机、此为吾始"的认识。

### 三、"全身无力"实际上是内心贫乏的表现

**无法从正在从事的工作中获得乐趣**

塞利格曼所说的第三个特征就是无力感。他举了三个词语——helpless(无助)、hopeless(无望)、powerless(无力)。最后一个词就是 powerless(无力)。

在碰到某件事时是否会产生无力感,这和事态本身无关,关键在于人的心理。

并不是说那些做大事的人就不会产生无力感,也不是说做小事的人就一定会有无力感。而是说关键在于那个人能否从自己正在做的事情上收获到快乐。

很容易就产生无力感的人,是心里没有储蓄的人,是没有真正体验到满足感的人。所谓心里的储蓄,就是指维持生存的能量。

俗话说,弯曲的河道有利于鱼儿的生存,而笔直的河道则不会有鱼儿栖息。

体验各种各样的人生经历,然后从中领悟到生活真谛的人,是内心世界丰富的人,是在心灵的河道中能招来鱼儿栖息的人。

**内心丰富的人是生活的强者**

有一个名牌大学的校长,在结束了校长的工作之后,还承担了该大学某个学院的"夜间学习班"的授课任务。

夜间授课,对于听课者以及授课者来说,都是一件辛苦的事情。我也曾经在早稻田大学的文学院教授社会思想史的晚间课程。上完白天的课程后,一个人到食堂吃晚饭,然后再去上课。这可比白天的课程辛苦多了。

对于上述已经做到校长位置的老教授而言,自然夜间的课程更是很辛苦的了。我觉得那个学院应该考虑一下过去的功绩和年龄,让年轻的老师承担夜间的教学任务。但是那位老教授却坦然地授课,一点看不出有任何不满的样子。对此，我越发尊敬这位老教授了。

这位老师退休后又到了地方上的大学当校长。他的事迹后来被大篇幅地登在了《朝日新闻》上。

文章这样写道，参加学习讨论会的人当中有一位高龄的老人。报纸向读者描述了一位热心于教学事业的老师形象。据说他从家里出发要花上两个小时去学校参加学习会。

大概这位老师对于自己所从事的事业是发自内心地乐在其中吧，因此，他才会保持精神饱满，身体健康。这就是心里有储蓄的人，这就是内心丰富的人。

心里没有储蓄的人，没有真正体验到充实感的人，将获得他人的赞赏作为自己的生活目的，一生都在担心别人会怎么评价自己的言行。这样，他们也就逐渐对生活感觉到疲倦了。

在这篇报道出来后，有的人的反应是"我也想获得这样的强势力量"，也有的人会说"真是可笑"。

前者是真正体验过充实感的人，至少是知道真正的充实感为何物的人。

而后者则是内心贫乏的人，是在社会上稍微受点苦就会变得有点神经质的人。

在现在的这个时代，一个很重要的问题就是老年人如何生活。在自己担当校长的大学里,夜间却以一名教授的身份微笑着给学生上课。这种强大的力量,对于让老年人更加有活力地活着来说,是十分有必要的。

某位知名的财经界人士最后是以一种悲惨的方式倒下的。他接受了太多来自政府任命的官职,在公司里他也一直在担当董事长。这位财经界人士身上缺乏那种要么放弃董事长职位,要么放弃政府官职的力量。这种力量,就是能够接受自己所处的现实世界的勇气。

**要在心中构建一座"自我之城"**

某所大学里有一个很有威望的教授,但是没过多久,有位比他年轻的教授被委以重任,威望超过了他。如果总是觉得自己很了不起的话,那么就会不断被后起之秀超越的。后来这位教授就变得抑郁了。

或许感觉到活着累的人,也和这位教授有着同样的心情吧。

这里写的是"被超越"了,但实际上并没有真的被超越。这是从社会学的角度所说的超越,在心理学上那就是另外的事情了。

那位变得抑郁了的教授,其实是因为在自己的心中没有一座"自我之城"。

现在感觉到活着累的人，其实也是在自己的心中没有一座"自我之城"的人，因此在公司里，有时候会找不到自己的位置。

和公司一样，在大学里也有各种行政职务。大学里并不都是专门从事教育和研究工作的岗位，还有教务主任、学院院长、研究所所长、某某委员长、参事、理事、总长等，总之大学里也有各种各样的行政职务。

那位教授在心理上感觉被人超越了，因而变得抑郁起来，其实他在学校里也是有自己的位置的。这里所说的位置，并不是指作为学校内的某种职务的官职，而是作为一名从事教育研究的教授的位置。只是他自己并不这么想而已。

如果他自己真的想要在心中建起一座自我之城的话，那也是可以做到的。可是他并没有考虑自己应该怎么做，他的注意力完全集中在行政职务的虚衔上了。然后在社会上也找不到自己的位置。

如果在心中有一座"自我之城"的话，那么在学校里无论处在什么样的立场上，都可以如前面的那位老校长一样，微笑着享受自己所做的事情。

在公司也好，在大学也好，不是神经质的人，都是在自己的心中拥有一座属于自己的城堡的人。因为他们在心中有了自己的城堡,所以他们也清楚地知道自己在社会中的位置。

这位抑郁的教授,因为在他的心中没有这样一座自我之城,所以才想着和大家待在同一个城堡中,因此,他才会有被别人超越了的错觉。

还是龟兔赛跑的故事。兔子打算建一座城堡,就沿着赛跑的路边造了一个窝,这样兔子就建起了一个自己可以休息的地方,可是在兔子造窝的时候,乌龟超越了兔子跑到前面去了,但是,对兔子来说,这并不是真的被乌龟超越了。

感觉到活着累的人,现在应该好好休息一下了。现在好好休息,其实正是在营建属于自己的城堡。

**要找到自己的位置**

世界上的人可以分为两类:一类是无论身在何处都可以找到自己位置的人;而另一类则是无论身处何地都找不到自己位置的人。抑郁症患者就是后者,就是无论身在何处都无法找到自己位置的人。

在某一个中学里,学校把各种工作都分门别类,交给不同的学生负责。但是,打扫车站的工作,却没有人愿意来负责。学校就采取了抽签的方式,有个学生就"不幸地"中标了。当然,打扫车站的工作也不是这个学生的第一选择,但是做过几次之后,他发觉这个还挺有意思的,自己也开始喜欢上这份工作了。

这样的人,就是无论身在何处,都能很快找到自己的位置。与这位中学生不同,抑郁症患者是很难马上找到自己的位置的。

**能够很快找到自己位置的人,应该不会患上抑郁症的。**

在心中有一座自我之城的人,可能习惯于这么想,"无论事情变成什么样,自己都可以应付"。因此,他们并不害怕变化的发生。

但是,如果没有这份自信的话,那么就会对任何变化都心存惧意。抑郁症患者就是因为没有这份自信,所以才害怕变化的发生。

第七章　有抑郁倾向的人的心理　205

## 本章重点摘要

但是，有抑郁症倾向的人或者感觉到活着累的人，已经没有气力去打开另外的门了。

感觉到活着累的人就是一直在等着。

抑郁症患者被动的生活态度，正在侵蚀着他们的生活。

感觉到活着累的人，就是想从相关的事情中逃离出去的人。

这种被动性的愿望如果能够得到满足的话，人就会变得具有能动性了。

相信未来，或许就会产生新的行动力。

在这种负担和压力下，人的精力就在不断地消耗。

持有消极未来观的人，不会去想从现在开始做好自己力所能及的事情的。

俗话说，弯曲的河道有利于鱼儿的生存，而笔直的河道则不会有鱼儿栖息。

心里没有储蓄的人，没有真正体验到充实感的人，将获得他人的赞赏作为自己的生活目的，一生都在担心别人会怎么评价自己的言行。

现在感觉到活着累的人，其实也是在自己的心中没有一座"自我之城"的人，因此在公司里，有时候会找不到自己的位置。

感觉到活着累的人，现在应该好好休息一下了。

能够很快找到自己位置的人，应该不会患上抑郁症的。

# 第八章

## 积累生命能量的方法

一、成年人的幸福就是"在心中无限扩展自己"

二、有抑郁倾向的人的内心世界

三、休息也是生命的存在方式之一

# 第八章

災害生命線の方法

# 一、成年人的幸福就是"在心中无限扩展自己"

### 一味等待幸福降临的人

著名的美国心理学家艾伦·贝克认为,抑郁症患者总是患得患失,所以才不会得到幸福。而这样一来,身边的人就会反问抑郁症患者——"你不是已经有了这样那样的东西了吗"。

比如,有一个人说自己没钱。但是,对于感觉到活着累的人,或者是有抑郁症倾向的人来说,有没有钱并不是问题的关键所在。有没有生存的欲望才是问题的关键所在。

而身边那些没有对生活产生厌倦的人,就会试图去劝说有抑郁症倾向的人:"谁都没钱啊,又不是就你一个人没钱。"

的确没钱的人很多。但是,没钱对于感觉到活着累的人和对于没有对生活感到疲倦的人来说,其影响程度是不一样的。没有对生活感到疲倦的人,再怎么贫穷,也会努力去赚到金钱的。因为他们还有精力去努力。

有抑郁症倾向的人，因为他们连生存的活力都没有了，所以才会毫不作为，只能等待幸福前来敲门。

感觉到活着累的人，已经丧失了为获得幸福而努力的精力了。

在有活力的时候，如果什么都不做，人就会感到很难受。即便是平时觉得不会成为负担的某些事情，在对生活感觉到疲倦的时候，人也会感觉到压力很重。

**长不大的渴望**

有抑郁症倾向的人，从小时候起就一直缺少他人的关爱，因此，他们也没有享受过小时候在摇篮里被人关爱的那种舒适和快乐。

或是想要别人来帮忙摇，于是就委屈自己去迎合他人，在这样的环境下长大。长时间生活在迎合别人的环境里，本人其实早已是疲惫不堪了。

因此，即便是不说出来，他们心里也还是希望有别人能来摇动自己的摇篮。但是自己已经没有任何动力和能量提出要求了。

感觉到活着累的人，他们所期望的，并不是作为大人被别人关爱,而是想像孩子一样被人关爱。

感觉到活着累的人,在期待着能够找到自己不需努力就可以获得幸福的方法。因为自己身上已经没有继续往上爬的动力和能量了。

**为他人着想是"成年人的幸福"**

大人的幸福,指的就是在自己心中能够无限扩大自我的幸福,但是抑郁症患者却认为幸福是别人给的,因此,无论从别人那里得到多少,抑郁症患者还是无法感到幸福。

为他人着想是大人的幸福,但是抑郁症患者并不这么想。他们认为吃点心才是幸福。

"快点将我从现在解救出来吧!"这是对生活感到疲倦的人所发出的呼唤。但是他们的生活态度,却不是努力去赢得别人的理解,而只是自怨自艾,抱怨世上没有一个人能够理解自己。

他们认为,即便是自己不去努力赢得他人的理解,他人也应该理解自己。

而心理健康的人或者有活力的人,则会做如下思考。

"我虽然没有钱,但我有非常健壮的体魄!"

"我虽然不是很漂亮,但我有爽朗的性格!"

"我虽然没有什么名气,但我有一个幸福安逸的家庭!"

能够这么想的人,都是生命力顽强的人,都是有活力的人。

但是现在感觉到活着累的人,无论如何也无法做到和上面的人一样豁达、快乐。

## 二、有抑郁倾向的人的内心世界

### 生命力降低使人变得敏感起来

有抑郁症倾向的人即便碰到稍微一点的不顺,他们的反应也会很敏感。心理健康的人无法理解为什么这些人连这么一点点小的挫折都无法承受呢。

这是因为对于心理健康的人和有抑郁症倾向的人来说,他们所感受到的生活本身的辛苦程度是不同的。两者生存的前提是不一样的。对于有抑郁症倾向的人来说,生活本身就是充满苦痛和难过的。

假设有这么一个孩子,他不想去上学。因为学校里总有些喜欢欺负别人的孩子,所以他不想去上学,或者说因为学习不怎么好,所以不喜欢去上学,或者说在学校里交不到好朋友,所以他认为去上学也是没意思的。

但是大家都知道,即便是这样,作为学生还是应该去上学的,所以这个孩子就没办法,还是要去。但是走到半道,开始下雨了,他又没有带伞。这样,这个孩子就决定不去学校了。

表面看上去,这个孩子是因为下雨没带伞,所以才放弃去上学的,但是实际上却并非如此。对他来说,去上学本来就是一件辛苦的事情。因为他本意是不想去的,但是又不得不去。这样一种纠结存在着,这才是他决定不去上学的真正原因。

这个孩子,如果他真的想去上学的话,即便是途中碰到雨了,他也还是会去的。

如果我们认识不到感觉到生活累的人是因为他们的生命力已经衰落的话,那么我们就无法理解他们的行为。

**内心世界的危机**

有抑郁症倾向的人,其心态就是"一切都结束了"(Game is over)。对他们来说,再继续努力,那就是很难做到的事情。他们已经不想再继续努力了。这样说来,此后也没有必要再努力了。

虽然比赛还没有结束,但是自己却认为"一切都结束了"的人就是没有活力的人。

从他人的角度来看,其实比赛并没有玩完,事情还远未结束,但是,有抑郁症倾向的人却认为已经结束了。

那就是生命力的差异。

对于生命力旺盛的人来说还远未结束的"比赛",对于生命力低下的人来说,却已经是"结束了"的状态。

对于生命力旺盛的人来说比赛还未玩完的事情,但是对于生命力低下的人来说,在内心世界里已经意味着结束。这一点可能有点不太容易理解。

这样的悲观主义可以解释为"带有攻击性的压抑"。但是准确来说,悲观主义是压抑攻击性而不断消耗生命能量的内心状态。

**对于生命力旺盛的人来说,他们很难理解生命力低下的人身上会同时有内心世界和现实世界两个世界。**

即便是现实世界中的比赛还未结束,但是在生命力低下的人的内心世界里,比赛已经结束了。

那么,有抑郁症倾向的人和不放弃比赛的人,到底哪里不同呢?

不放弃比赛的人或者是生命力旺盛的人，也就是有生命活力的人，即便是在一场已经落后的比赛中，他们也会努力一点点把比分扳回。因为他们认为扳回了一分后，可能还会扳回更多的比分。虽然已经筋疲力尽了，但是不论目的地有多远，即便是一厘米也好，他们也还是要努力向前进。

但是，生命力低下的人，也就是没有了生命活力的人，却已经没有气力再努力了。一点一点去扳平比分，对他们来说是很辛苦的事情。

他们已经没有办法踏踏实实地继续努力了。因为他们身上已经没有剩下任何能量了。

因此，要想在比赛中取胜，他们也就只能期待着靠打出本垒打来实现大逆转，因此，他们就努力去打出本垒打来，但是，这是不可能做到的。

因此，他们才会觉得比赛已经结束了。

而不放弃比赛的人，就是因为他们有自信，所以才会一步一步地努力向前进。

有抑郁症倾向的人，因为他们的生命力已经衰弱了，所以他们的行为出发点往往都是"做不到"、"我不行"。

### 有抑郁倾向的人给自己的心也戴上了枷锁

有抑郁倾向的人给自己的心戴上了枷锁，所以，对他们来说，总是处于比赛结束的状态。但是心里的枷锁是肉眼看不到的。从旁人来看，不禁会有这样的疑问，"为什么不继续努力了呢"？但是对于本人来说，已经到了毫无办法的地步了。

有抑郁症倾向的人，拼命在做的都是自己不喜欢的事情，无论精神也好，肉体也好，都十分疲倦。在迄今为止的人生当中，没有一件可以让自己感到快乐的事情。这就是问题的所在。

如果说有什么快乐的事情可做的话，那么能量就会不断涌现出来，就会有超越眼前困难的能量涌现出来。

但是，有抑郁症倾向的人却没有一件可以让自己感到快乐的事情。在人际关系中，也没有可以让自己快乐起来的人际交往。因此，一旦倒下了，他们就再也无法靠自己的力量振作起来。

他们只是想一直撒娇度日。但是现在他们已经无法靠继续伪装自己来生活了。他们所作出的反应就是"我不行"。

从内心没有戴上枷锁的人来看,其实还是大有可为的,但是对于有抑郁症倾向的人来说,却已经是无法继续"玩下去"了。

为了满足自己如孩童般幼稚的愿望,也可以说是为了得到别人的夸奖,自己努力去做一些自己不喜欢的事情。但是在这种愿望能够实现之前,自己的能量就已经消耗殆尽了。

"我不行"的反应,与小孩撒娇缠磨人的情况是一样的。小孩在说"我不行"的时候,其实就是在撒娇。

正如前面多次谈到的一样,有抑郁症倾向的人实际上是在向身边的人寻求关爱。因为得不到爱,所以他们才会对身边的人心生恨意,他们恨身边那些不能理解自己的人。

**血液中的皮质醇超标**

理解抑郁症患者,就是理解他们内心的世界,就是理解眼睛看不到的东西,因此,要想真正理解抑郁症,其实是很难的。

抑郁症患者的血液中一种名叫皮质醇的副肾皮质荷尔蒙的浓度比较高。皮质醇是在人感觉到压力的时候释放出来的荷尔蒙,它会抑制免疫功能,增加血液中的葡萄糖数量,在压力等因素作用下,皮质醇就会从副肾皮质中不断产生。

一个人的个子高低,用肉眼就能看出来;一个人的身体胖瘦,凭肉眼也能看出来;但是,一个人血液中的皮质醇的浓度是高是低,却是肉眼无法看到的。

有抑郁症倾向的人,在压力等因素作用下,身体内就会持续产生皮质醇。这种皮质醇又进一步作用于大脑的边缘系统,刺激血清素接受体中的"抑郁"部分。

皮质醇作用于脑部,会增加血清素接受体中的2A。

因此,为了抑制皮质醇的生成,就需要去避免压力和精神紧张。但是对于有抑郁症倾向的人来说,他们并不知道应该如何去避免压力的产生。

无家可归的孩子可以得到救助。但是,有抑郁症倾向的孩子却得不到救助。

那些认为经济上的不公平是最大不公的人,其实是没有真正体会到不公平之苦的人。

人在精神上感觉到的压力和紧张,会在脑部产生相应的反应。

有人推断说抑郁症患者是因为神经内分泌系统出现了异常。也就是说,脑下垂体的分泌异常,或者说是作为控制司令塔的视床下部的部分出现了异常。①

**感觉到活着累的人,从小时候起就生活在压力和紧张之中,因此才引发皮质醇分泌功能出现了异常。**

精神压力和紧张变得日常化之后,如果经常生活在压力当中,那么就会经常产生皮质醇。这就好像水龙头没有关紧,水总是滴滴答答流出来一样。

精神压力作用于大脑里支配情感的边缘系统,引起强烈的不安感、恐惧感和厌恶感等。这种信息被传导至视床下部,会产生一种名叫 CRH 的脑下垂体荷尔蒙,并且使类固醇分泌系统活跃起来。

## 三、休息也是生命的存在方式之一

### "扼杀自己"的生存方式

我觉得在各种压力中最难应付的就是源自如孩童般幼稚的愿望得不到满足的压力。说起战场上的压力,我想

---

① Nancy C. Andreasen, *The Broken Brain*, 1984, Harper & Row, Publishers, Inc.

每个人都能够理解。说起因为公司倒闭而造成的压力,这也是谁都能理解的。

但是,对于这种来自如孩童般幼稚的愿望得不到满足的压力,那就不是那么容易理解的了。这种压力不是通过经济状况的改善就能解决的。

身边的人无论如何也无法理解他对生活感觉到疲倦的原因,也就在此。表面看来,这些人的生活条件也是蛮不错的,经济上也没有什么困难,也没有被公司解雇,也没有拖欠银行的购房贷款,而且家庭也是很幸福的。

因此,身边的人不禁会产生疑问,"为什么会这个样子呢"。

还有的人因为自己如孩童般幼稚的愿望得不到满足,就随着性子大喊大叫。这样的人,从身边的人来看,也只是"遇到困难的人"。但是即便从身边的人看来是"遇到困难的人",他们也不是会对生活感觉到疲倦的人。

正是因为这些人如同孩童般幼稚的愿望得不到满足,所以总想去实现这种愿望。与那些随着性子吵闹的人不同,他们是尽力强忍着各种事情,在认真地努力着,甚至也在强忍着悔恨的心情。

感到活得累实际上是一种自杀行为。这是对社会做出的过度反应。这种精神压力会夺走生存的能量,改变人的大脑。

**趁机换个活法儿**

因此,感觉到活着累的人,可不能妄想现在就努力来解决问题,而应该通过好好休息来解决问题。

因此,现在什么都不做,就好好休息一下。这样做肯定是没错的。

而感觉到活着累的人,在平时一直都是在拼命。

就拿作家来说吧,有这样一位作家经常熬夜写书。这样坚持了一年之后,人却没有什么精神了,身体也会感觉到十分疲劳,精力也已经消耗殆尽了。

他应该在好好放松之后,再开始从事书稿的写作。

人应该在有时候努力去做事、累了之后就好好休息的过程中成长起来,而不是在一味努力做事情的过程中成长起来。

努力工作,固然是生活;好好休息也是一种生活方式。

感觉到活着累的人,对于努力和忍耐之事都是无条件接受的。而这样的活法是有问题的。认为即便是委屈自己所做的事情也是众望所归的价值观,是不正确的。

"我一直认真地生活着,我一直在拼命努力,可是我却一点好处都得不到,得到的只是更加辛苦而已。"有这种想法的人,犯了本质性的错误。

一味努力做事情的话,是解决不了任何问题的。感觉到活着累的人,现在需要的并不是努力做事情,而是好好休息。应该利用这个机会好好改变一下自己的生活方式,或者说改变一下自己看待他人的方式,应该将注意力放在更有意义的事情上。

光靠努力和意志的话,是什么问题都解决不了的,有品质的生活是需要智慧的。

要坚信,只要这么做就一定有更加光明、更加精彩的人生在等着自己。只要将注意力放到更加有意义的事情上,过去郁闷的心情就会一扫而空,就会感觉与过去大不一样。

如果生活状态变化了,那么聚集在自己身边的人也会与以前不一样。

**时不我待**

现在如果只是更加努力做事的话,那可不是智者的做法。认真地一而再、再而三地去努力,结果只能是更加辛苦。对于这样的人来说,现在到了应该好好发挥一下生存智慧的时候了。

**重要的是要对于自己为何会扮演那样愚蠢的角色进行反省。**

如果还是和现在同样的生存姿态的话,那么无论怎么努力,最终得到的也只是所得甚少的人生。

用从根本上就错了的人生态度来对待人生的话,再怎么努力,最终得到的也只是充满辛苦的人生。感觉到活着累的人,再怎么努力,也是无法得到充满回报的人生的。

因此,在感觉到疲倦的现在,你应该好好休养,好好反省。而且,感觉到疲倦的现在,也是一个发现人生其实还有另外一条路可走的良机。

现在的烦恼之果,源于过去所种的因;过去所种烦恼之种,成长起来,就结出现在的果实;感觉到活着累的人总是有理由的,即迄今为止错误的生活方式造就了现在对生活的疲倦感。

现在你感觉到疲倦了,其实意味着是收获成果的时候,因此,一旦烦恼开始,就应该意识到要收获成果了。

总有一天,你也会领悟到这一点——"正是因为有过那样的过去,所以才会有现在的幸福啊"。

**尝试记录心灵的历史**

前面提到了,为了好好休息,可以听听音乐,而将自己的内心世界记录下来,也是休养的方法之一。

要真实记录自己的心路历程,要把自己憎恨过的事情忠实地记录下来,如果自己曾想杀掉某个人,也要真实地记录这一想法,但是,这不能给别人看。

如果光想记录一些漂亮的事情的话,无论写多少,也无法让心休养;如果持有为了讨别人喜欢的想法来写的话,那么无论写多少,对自己也是没意义的。

重要的是,通过记录来发泄自己郁积的情感;要一直写到自己找到属于自己的人生为止。

或许,有的人在开始的时候不知道该怎么去写。如果是这样的话,不用犹豫,只要去写就好了。在写的过程中,内心深处的那团火就会燃烧起来。

**如果心底郁积的情感能够发泄出来,那么与时俱进的生存能量就会重新回到你的身上。**

## 切实过好"只为自己"的一天

感觉到活着累的人,并未意识到在心中积聚起来的"遗憾的心情"到底有多糟糕,没有意识到自己心底聚集起来的恨意到底有多深。

感觉到活着累的人,应该自己意识到自己心底的恨意和敌意,应该承认自己有"我讨厌你们"的想法。

获得幸福的第一步就是学会自觉,要承认现实,首先要学会自觉。

实际上你对他人的恨意,远远超过你自己的想象,对此,你一直容忍到现在,因此,你现在才会对生活感觉到疲倦。

在你的心底聚集起来的憎恨的情感,远远超过你自己的想象:或许到了你真正意识到自己有多憎恨别人的时候,你自己都会感到震惊;或许你也会被自己的恨意之深所吓倒。

而你每天都在忍耐着,因此你才会感觉到活着很累;因此你会逐渐成为生命力衰弱的人。

如果你要一直欺骗自己的话,那么永远也无法成为生命力活跃的人;如果你要一直委屈自己、忍耐一切的话,那么永远也无法成为生命力旺盛的人。

你不是为了实现自己的人生目标而在努力；你是为了获得他人的好感，无视自己内心的真实想法而在努力。这样再怎么期待成为生命力旺盛的人，也是做不到的。

尽管你那些如同孩童般幼稚的愿望没能得到满足，但是你却表现得活得很轻松、潇洒。但是，在你没有意识到事实的情况下，你在一天天地伤害着自己。

在公司上班，虽然你并不喜欢每天都要笑脸以对周围的人，但是你并没有意识到自己内心的不快，还是每天要去上班，每天要笑脸对待周围的人。因为每天都一样，所以你才意识不到内心真实的想法，但实际上自己的心每天都在受伤。

正如水滴石穿一样，每天的压力和紧张的情绪也在侵蚀着你的心。你却没有意识到，自己的生命力在一点点地消耗着。

并且有的时候会感觉到已经不想去上班了，也不想回家了，什么都不想做了。

奥地利的精神病科医生贝朗·伍尔夫曾说过，"烦恼不是昨天的事情"。仿照这句话，我们也可以说，"你感觉到内心疲倦的原因并不是昨天发生的事情"，那是每天在自我欺骗中生活的结果。

因此至少从今天开始尝试去度过只属于自己的一天吧。

内心感到疲倦的原因并不在于昨天所发生的事情,因此,尝试一下静待时间的流逝。要让自己听到这样的声音——"这样的休养时期,对我的人生来说也是必要的"。

"在慢性压力的作用下,或是引发各种慢性病,或是会让病情更加恶化,会造成免疫系统受到抑制,功能很容易变得低下,血液中的胆固醇含量会升高,骨头中的钙质会流失。另外,如果压力持续作用的话,短期的话,会造成原本正常的血压值上升,引发高血压症状;紧张程度的加深,也会引起头痛,甚至会恶化病情,也可能造成肠道功能出现异常,易引起腹泻或痉挛,也可能加快心跳,加大脉率不齐的危险;而且,因为免疫功能受到抑制,感冒或流感病毒或许会导致对危险病情的抵抗力下降。"

以上内容出自斯坦福大学的肯尼思·培勒提埃博士所写的论文《心与体之间》。

压力也有短期和长期之分。想通过外部环境的变化来解决心理问题的人,就是长期处在慢性压力环境中的人。

感觉到活着累的人,为了让自己恢复到正常状态,现在就应该好好休息一下。

## 本章重点摘要

抑郁症患者总是患得患失,所以才不会得到幸福。

有抑郁症倾向的人,从小时候起就一直缺少他人的关爱,因此,他们也没有享受过小时候在摇篮里被人关爱的那种舒适和快乐。

大人的幸福,指的就是在自己心中能够无限扩大自我的幸福,但是抑郁症患者却认为幸福是别人给的,因此,无论从别人那里得到多少,抑郁症患者还是无法感到幸福。

对于有抑郁症倾向的人来说,生活本身就是充满苦痛和难过的。

对于生命力旺盛的人来说,他们很难理解生命力低下的人身上会同时有内心世界和现实世界两个世界。

有抑郁倾向的人给自己的心戴上了枷锁。

在迄今为止的人生当中,没有一件可以让自己感到快乐的事情。这就是问题的所在。

抑郁症患者的血液中一种名叫皮质醇的副肾皮质荷尔蒙的浓度比较高。

感觉到活着累的人,从小时候起就生活在压力和紧张之中,因此才引发皮质醇分泌功能出现了异常。

感到活得累实际上是一种自杀行为。

而感觉到活着累的人,在平时一直都是在拼命。

重要的是要对于自己为何会扮演那样愚蠢的角色进行反省。

如果心底郁积的情感能够发泄出来,那么与时俱进的生存能量就会重新回到你的身上。

获得幸福的第一步就是学会自觉,要承认现实,首先要学会自觉。

奥地利的精神病科医生贝朗·伍尔夫曾说过,"烦恼不是昨天的事情"。仿照这句话,我们也可以说,"你感觉到内心疲倦的原因并不是昨天发生的事情",那是每天在自我欺骗中生活的结果。

# 结尾　要慎用可能带来伤害性的语言

**为什么要如此在意对方的话语呢？**

最后一点建议，就是感觉到活着累的人，应在休息期间好好思考一下，是不是因为自己对于对方的每一句话都过于在意了呢？要是能够以轻松一点的心情来对待对方所说的话，是不是效果会更好呢？

一般来说，感觉到活着累的人都是非常认真的，所以对于对方所说的每一句话都会特别认真地对待，有时甚至认真到了过分的程度。他们就是这样的性格。

一般的人，对于他人所说的话，也就是随着当时的场合适当地接受，适当地应对。有时候也就是随便听听，并不会十分在意对方在说什么。

可是对生活感觉到累的人，为什么对于他人所说的话语是如此的在意呢？

为什么他们不能拒绝对方的要求、不能随便敷衍一下就得了呢？

这一方面是他们与生俱来的性格使然，另一方面也是因为他们是在经常受到要认真对待对方话语的教育背景下成长起来的。也就是说，他们是在充满敌意和恨意的环境中长大的。

他们认为，如果对于有敌意的他人的话语不好好对待的话，可能会让对方非常生气。

**话语的两面性**

在没有旁人在场的时候，自己可以尽情地说自己想说的话。在一座无人的山中，你可以大声喊"部长，你去死吧！"当然，这并不是真的说想要对方去死，这只是为发泄一时的情感而说的气话。

因此，在这种情况下所说的"去死吧"，并不是真的要对方去死的意思，而是说自己非常讨厌那个部长，恨不得让他去死。

即便是真的到了恨不得让他去死的程度，等到那个人真的死了，你又往往会想起这个人还是有这样那样的好处。如果不是这样，真的是想杀人的话，即便是真的杀了之后，自己的恨意还是难以消除。这种情况是比较少见的。

也就是说，"去死吧"这样充满恨意的话语，可以分为两种情况：一种是真的表达字面意思的时候所说的话；另一种就是出于一时气愤而说出的气话，而本意并非气话本身所表达的意思。

除了"去死吧"之外，责骂他人的话语还有很多。

在说出这些话语的时候，既有说话人本意即是如此的时候，也有只是出于一时的感情而故意发泄的时候。

这种话语也分为两类：一类是说完之后就会感觉到心情好转的话语；另一类是不仅仅说说而已，还要付诸行动的话语。

人们在说"笨蛋"这个词的时候也是如此，分为两种情形：一种是说话人真的认为对方是笨蛋的时候所说的话；另一种是看到了某人的某种行动之后感觉到可笑而随意说的话。

另外，有的孩子就是在真正使用憎恨话语本身意义的家庭中成长起来的；也有的孩子是在并非充满爱的温暖的家庭环境中成长起来。

既有恨意如同积雪一样冻结在心底的人,也有并非如此的人。恨意如同积雪一样冻结在心底的父母,在责备孩子说"你真不老实"的时候,其实非常的可怕,这并不是一时的气话,而是发自本意的话语,这是可以刺激行动的话语。不知道这会给孩子带来什么样的影响。总之,对孩子来说,这种话语实在是很恐怖的。

而说这句话的人,自己也不会因为说了之后而获得好的心情。他们无法忘记自己所说的话。说了这句话,也只能增加本人的恨意和敌意。说了这句话,反而会让自己更加坚定此前的想法。

**有抑郁倾向的人常能从话语中感受到"责备"的意味**

我认为,感觉到活着累的人,之所以会特别在意他人所说的话,或是做出近乎歇斯底里似的反应,还有另外一个原因,即感觉到活着累的人,他们经常是在话语背后隐藏着责备意味的环境中长大的。

比如被人问问题了,从轻一点的意义来说,是对方在提问题,"这个汉字怎么读?"或者"今天你能开车送我到车站吗?"什么样的问题都行,而回答的内容可以是"我不知道",或者"不行"。

但是，对生活感觉到累的人，以及有抑郁症倾向的人，对于上述的提问却无法随便说出"不行"之类的回答，而是会找一些理由来解释，或者是惧怕提问之人的态度，对他们来说是很重要的事情。

他们为什么要将本来很随意的事情当成那么重要的事情来对待呢？

因为他们在小时候有过这样的经历，就是如果说"我不知道"的话，那么就会遭到非常严厉的责骂。如果说"不行啊"的话，也会遭到非常严厉的责骂。

如果回答"我不知道"的话，那么就会继续受到责备，被骂到"连这点事都不知道？"因此，对于别人的问题，自己无法以一种轻松的心情说出"我不知道"。对他们来说，他们曾经在小时候有过类似的经历，而这种经历却是那些在另外的环境中长大的人所不能理解的。

### 话语的意义因人而异

同样的话，如果说话的人不同，那么表达的意思也完全不同。有时可能因为发音一样，所以我们很容易认为表达的意思也是一样的。在可怕的、充满恨意的家庭中长大的人和在和睦的家庭中长大的人，即便是说着同样的话，其表达的意思也是完全不一样的。

这种差异甚至比俄语与日语的差别还大。只是因为某两个词的发音一样,我们就会习惯性地认为其表意也是一样的。

一般来说,表达恶意的语言,对于有着根深蒂固恨意的人和没有一点恨意的人而言,其意义是完全不一样的。

有着根深蒂固恨意的人所说的恶意话语是很重的,很严厉的,他们说的"我想杀人",就是本意上真的想去这么做,这是可以刺激行动的话语。

心中没有恨意的人所说的恶意话语,却只是感情语言,只要说出来,那种情感就会消失的一种很自然、很轻松的语言。或许在说出了之后,本人都不记得自己说过什么。

心中没有恨意的人对你责骂、非难,其实这并不是真的。因为说这些话的人都不记得自己说过什么,说完之后,本人已经没有了与那些话语相伴的情感了。

但是,有着根深蒂固恨意的人,在对你进行非难、责骂的时候,那就是很可怕的事情:每一句话,每一个词,都是在说话人的内心扎下根的话语。

总结一下,语言的意义,重要的并不是言语本身,而是由谁说的,这一点可能更为重要。

对于本性开朗的人在发怒时所说的话，与心中有恨意的人所说的话，可不能一视同仁。有很多人就是因为将二者当成一回事而在感情上受到伤害。他们之所以会受到伤害，正是因为他们是在那种充满恨意的环境中长大的。

在充满恨意的环境中长大的人，对于语言的理解就是在那种环境当中学到的，因此，在长大后，对于身边人所说的每一句话都会特别在意。这样，可能会被本来没有可能伤害到人的语言伤害到。

反之，在和睦的家庭氛围里长大的人，即便是对方说的是语气很重的话语，他们也能够很坦然地对待。这样就不容易被别人的言语伤害到。

言语意义理解上的差异可能会进一步带来新的误解。例如，世上有担心与别人对立的人，也有不惧怕与别人对立的人。对于对立的事情到底应该如何处理，这可是因人而异的。

感觉到活着累的人，在生活中却无法做到以轻松、快乐的心情来待人接物。

## 本章重点摘要

所以对于对方所说的每一句话都会特别认真地对待,有时甚至认真到了过分的程度。

即感觉到活着累的人,他们经常是在话语背后隐藏着责备意味的环境中长大的。

# 后　记

在物质匮乏的时代，人们也会像现在的人一样对生活感觉到疲倦吗？那时候感觉到活着累的人，也和现在一样多吗？大概要比现在少多了吧。

经济上富裕了，从自由选择职业开始，人们可以享受各种各样的自由。与封建社会相比，现在的时代就如同做梦一样。

但是，自由的时代，同时也是人们很容易选错生活方式的时代。那些对生活感觉到疲倦的人，就是在自由的时代里选择了错误的生活方式。

这里我并不想探讨到底是本人弄错了，还是自己想要实现的其实是周边人错误的期待。总之，对生活感觉到疲倦的人是没有找到正确的生活方式。

在书中提到"感觉到活着累的人"的时候，指的并不是因为昨天辛苦劳动而感觉到疲倦的人，也不是那些事业上或是经济上陷入困顿状况的人,也不是那些因为昨天失恋了而情绪低落的人;指的是那些长年在认真努力,可是不知何故现在已经不想做任何事的人;指的是虽然还想努力去做但是却无论如何都做不到的人;指的是那些因为长时间委屈自己而造成精力衰竭的人;指的是无论吃什么、喝什么都无法感到快乐的人。

这些人即便是听了搞笑的相声,也不会感觉到快乐的,再怎么有趣的电视节目,他们看了也只会觉得吵得很,只想关了电视机。但是虽然这样,如果什么都不做的话,这些人也是很难忍受的。

拿身体来作比方的话,就是这里说的并不是这儿痛那儿痛的疾病,而是"也不是哪里疼,就是感觉不舒服"的疾病。

感觉到活着累的人,长时间生活的结果就是愈发对生活失去信心,因此,他们要花费相当长的时间才能够恢复到正常的状态。

如果昨天丢了钱包,而今天又中大奖了,那就会高兴起来。但是,感觉到活着累的人,并不是如昨天不小心丢了钱包那么简单。

在伊索寓言中还有这样一个故事。

猴子很擅长翻跟头。动物们都把猴子当作智者,十分尊敬猴子。乌龟就认为要想获得大家的尊敬，就要和猴子一样会翻跟头，于是本来不擅长翻跟头的乌龟就开始努力地练习。

但是因为自己的龟壳实在是太重了，乌龟怎么样也翻不起来。一个偶然的机会，乌龟翻过身来了，于是乌龟感到很高兴，但也就是认为心愿得偿的一瞬间的高兴而已。因为翻过身来的乌龟，现在已经无法正常行动了。从此以后，乌龟就只能躺着去努力生活了，但是乌龟逐渐疲劳，失去了生存的力气。

当然感觉到活着累的人，也不光是如上面所讲的那些人。因为在现实的世界里背负了太多的重担，因此会哀叹"活着真累"的人也应该大有人在。

但是，实际上大家都认为这样的人竟然出乎意料地并没有感觉到生活很累。我们将英语单词"worry"只是翻译成"烦恼"而已，但是这个单词有许多不同的意思。我们常把这个单词翻译成"烦恼"。我自己也是如此，看到这个单词就马上把它翻译成"烦恼"。但是，英语中的"worry"似乎有两层意思：一层就是我们所持有的"烦恼"的印象；也就是说，不安、担心、迷茫或者焦急等心理状态，也就是日语中所说的"烦恼"。它与"幸福"是完全相反的意思；但是，在一本名叫《幸福的报告》①的书中，解释了该词第二层的意思，那就是对于问题所持有的积极的关心态度。在这本书中对此解释为"健全的烦恼"。这种情形下，如果按照我们的所想翻译成"烦恼"的话，就不是很贴切了。

从第二层意思来看"烦恼"的话，可以说幸福度高的人并不一定就是烦恼少的人。幸福的人也是有很多烦恼的。

这样的人，按照我们日本人的感觉，与其说是烦恼的人，不如说是有问题的人。可能这个说法更为贴切。只是，在英语中这种情形也是"worry"。

也就是说，我想说的就是所谓幸福的人并不一定就是烦恼很少的人。一定要说的话，就是"操劳、操心"的人。

如果调查一下人们的幸福度，我们就会发现我们日本人所说的烦恼和幸福之间是负相关的关系，而不是操劳和幸福度之间的那种关系。

也就是说从整体来看，可以说世界上不存在没有操劳的人生，也不存在没有问题的人生。我们就是带着不得不解决的问题而出生的。我们从出生起就带着问题。只不过有些人的问题比较严重，而有些人的问题则相对较轻。

---

① Norman M. Bradburn and David Caplovitz, *Reports On Happiness*, Aldine Publishing company Chicago, 1965.

因此，烦恼和不幸有关，而操劳和幸福有关。我认为能够这样想就是正确的人生观。

说到感觉到活着累的话，一般的印象就是那些不断地遇到困难又在不断努力的人，但是很意外，这样的人并不会感觉到活着累。总之，感觉到活着累的人，还是这本书中所说的那种类型的人有抑郁症倾向的人。

此前出版的《日本型抑郁症社会的结构》一书，曾经受到大久保龙也先生的关照。现在这本书仍然受到先生的关照，在此深表谢忱。

在《日本型抑郁症社会的结构》中，我谈到了在现在的日本有很多人都有不同的心病。大久保龙也先生就建议我写本书，谈谈怎么去应对心病。

也不知道自己写的书能否符合出版社编辑的要求，但总算是写完了，可以松一口气了。

加藤谛三